HOOKER'S
ICONES PLANTARUM

VOL. XXXVIII, PART I,
OF THE ENTIRE WORK

OR FIFTH SERIES VOL. VIII PART I

T0136692

NOTEWORTHY EUPHORBIACEAE
FROM TROPICAL ASIA

(BURMA TO NEW GUINEA)

H. K. AIRY SHAW

(EUPHORBIA BY A. RADCLIFFE-SMITH)

BENTHAM-MOXON TRUSTEES

1974

Printed in Great Britain by
William Clowes & Sons Ltd
London, Colchester and Beccles

CONTENTS OF VOL. XXXVIII, PART I
(FIFTH SERIES, VOL VIII, PART I)

The impression of "Icones" is limited to 450 copies, and the work will not be reprinted.

Applications for copies of this and back numbers should be made to The Director, Royal Botanic Gardens, Kew, Richmond, Surrey, England.

INTRODUCTION

Mr. H. K. Airy Shaw has described numerous new or noteworthy members of the family Euphorbiaceae in a series of papers published over a number of years in the Kew Bulletin. The vast majority of these species have never been figured and the present part of Hooker's Icones Plantarum contains a selection of the more interesting or remarkable.

The order of genera follows that of Pax & K. Hoffmann in Engler's Natürlichen Pflanzenfamilien, ed. 2, 19c (1931). Where no indication is given of the location of cited specimens, they are to be found in the Herbarium of the Royal Botanic Gardens, Kew.

APORUSA LAGENOCARPA *Airy Shaw*

Tribus APORUSEAE*

Aporusa (§Trichogynae) lagenocarpa *Airy Shaw* in Kew Bull. 21 : 355 (1968); ab omnibus congeneris fructibus fusiformi-lageniformibus villosis usque 2·5 cm. longis distincta.

Arbor usque 25 m., ramulis usque 5 mm. crassis laevibus fere glabris, novellis dense fulvo-tomentellis. *Folia* elliptica vel saepe leviter oblanceolata, rarius lanceolato-elliptica, 10–16 cm. longa, 2–5 cm. lata, basi rotundata, rarius subcuneata vel levissime cordatula, apice caudato-acuminata, acumine 1–2 cm. rarius 5 mm. tantum longo apice acuto, margine integro vel obscure sinuato, chartacea, siccitate pallide griseo-brunnea, supra (nisi costa in foliis junioribus) glabra, sub lente (more generis) dense minutissime fusco-puncticulata, subtus secus nervos breviter fulvido-tomentella, ceterum parce pilosula; costa gracilis, supra fere plana, subtus prominens; nervi laterales graciles, 6–8-jugi, patuli, procurvi, manifeste anastomosantes, nervis minoribus gracillimis laxe reticulatis; petiolus 5–13 mm. longus, 1–2 mm. crassus, breviter tomentellus; stipulae falcato-lunatae, circiter 1 cm. longae, valde asymmetricae, basi rotundatae, apice acuminatae, primum pilosae, demum glabrescentes, caducae ve. saepe plus minus persistentes. *Inflorescentiae* ♂ axillis solitariae vel geminae, graciles, usque 2 cm. longae, inferne longe nudae, superne densifatflorae, 2–3 mm. crassae, statu vivo (teste Jacobs) albae, rhachi gracillima puberula, bracteis subulatis 1 mm. longis dorso tomentellis intus glabris. *Flores* ♂ minuti, sepalis 4, 1 mm. longis, staminibus 2, filamentis 2 mm. longis.

---

* Tribus **Aporuseae** *Airy Shaw*, trib. nov. Arbores vel frutices; folia alterna. *Inflorescentiae* spicatae, racemosae vel racemiformes, haud ramosae; flores parvi vel minuti, in axillis bractearum plerumque solitarii, apetali vel rarius petaligeri; discus varius; stamina 2–8; ovarium 2–3(–5)-loculare, loculis 2-ovulatis, stylis plerumque abbreviatis; fructus capsularis vel indehiscens, endocarpio laevi; semina ecarunculata, interdum arillata.—Typus: *Aporusa* Bl. Genera reliqua: *Baccaurea* Lour., *Richeria* Vahl, *Thecacoris* Juss., *Maesobotrya* Benth., *Protomegabaria* Hutch., *Apodiscus* Hutch., *Spondianthus* Engl., ? *Martretia* Beille.

Scepaceae Lindl., Nat. Syst. Bot., ed. 2: xxi, *in clavi*, 171 (1836), & Veg. Syst., ed. 1: 273, *in clavi*, 283 (1846) (excl. gen. *Hymenocardia*).
Aporos[ac]eae 'Lindl.' ex Miq., Fl. Ind. Bat. 1(2): xii, 430 (1858), velut nom. nov. pro *Scepaceae* Lindl. (excl. gen. *Daphniphyllum*).

This group of genera represents the remains of the subtribe '*Antidesminae*' of Pax in Engl. & Prantl, Pflanzenf. III.5: 26 (1890); Pax & Hoffm. in Engl. Pflanzenr. IV.147.xv: 3 (1922), after the removal of the genera *Antidesma* L. (*Stilaginaceae*), *Dicoelia* Benth., *Lasiochlamys* Pax & Hoffm. (*Flacourtiaceae*, near *Xylosma*, teste Sleumer), *Secretania* Muell. Arg. (= *Minquartia* Aubl., *Olacac.*), *Richeriella* Pax & Hoffm. (near *Securinega* Juss.), *Hieronyma* Allem. (cf. *Stilaginac.*), *Hymenocardia* Wall. ex Lindl. (*Hymenocardiac.*), *Aporosella* Chod. & Hassl. (near *Securinega*), and *Cometia* Thou. ex Baill. (quoad sp. typ. = *Drypetes*).

Inflorescentiae ♀ breviter (1–5 mm.) pedunculatae, pedunculo dense fulvo-tomentello, apice congesto-spicatae, ut videtur usque 7–8-florae, floribus sessilibus fere capitatis. *Sepala* 4, ovata, 1·5 mm. longa, acuta, tomentella. *Ovarium* anguste ovoïdeum, 3–4 mm. longum, 2 mm. crassum, sursum sensim angustatum, dense fulvo-tomentosum, stylis 2 altissime bifidis (quasi 4) subulatis 5 mm. longis acutis parce papillosis deflexis apice recurvis coronatum. *Capsula* elongate rostrato-ovoïdea vel ellipsoïdeo-lageniformis, 1·5–2·5 cm. longa, 5–7 mm. crassa, bilocularis, basi breviter angustata vel truncato-rotundata, superne in rostrum longum sensim vel abruptiuscule attenuata, apice in stylos 2 alte bifidos 3–4 mm. longos (saepe mancos) crassiusculos ± persistentes desinens, statu vivo rubra, tota conspicue longiuscule patule vel subadpresse fulvo-pilosa, ut videtur tarde dehiscens, pericarpio carnoso vix 1 mm. crasso, enodocarpio crustaceo tenuissimo, septo glabro; semen (immaturum) oblongo-obovoïdeum, 11 mm. longum, 4 mm. crassum.

SARAWAK. First Division: N. slopes of Mt. Penrissen, approx. lat. 1°5′ N., 110°15′ E., primary forest on sandstone substratum, alt. 900–1000 m., 6 Aug. 1958, *Jacobs* 5102:—Tree 5 m., young leaves light green, stipules semicircular; inflorescence [♂] white, anthers light brown.—Third Division: Bkt. Salong, U. Samparau, Melinau, Kapit, hillside, alt. 1080 m., 20 Aug. 1967, *Ilias Paie* S.25869:—Tree, height 4·5 m., girth 18 cm.; fruits light yellow; native name (Iban), 'kayu masam'.—Fourth Division: Bt. Mersing, Anap, basalt ridge, mixed dipterocarp forest, alt. 180 m., 19 Aug. 1964, *Sibat ak Luang* S.21878:—Tree, 6 m. tall, 18 cm. girth; red fruit; native name (Iban), 'kayu masam'. *Ibid.*, basalt hillside, mixed dipterocarp forest, alt. 200 m., 24 Aug. 1964, *Sibat ak Luang* S.21918 (type, K):—Treelet 4·5 m.; dark red fruit; native name (Iban), 'kayu masam'. *Ibid.*, alt. 400 m., 15 Oct. 1964, *Sibat ak Luang* S.22503:—Tree 9 m. tall. 50 cm. girth; fruit red; native name (Iban), 'kayu masam'.

SABAH. Penibukan, nr. Dahobang River, alt. 960 m., 27 Sept. 1933, *J. & M.S. Clemens* 40476:—Tree 15 m. × 15 cm.; flower [♀] pinkish purple. Sipitang Distr.: Ulu Moyah, 13 km. SSE. of Malaman, alt. 1050 m., 17 Sept. 1955, *G. H. S. Wood* SAN 16276:—Tree, height 25 m. Ranau Distr.: Bt. Tampurango alt. 900 m., July 1960, *Meijer* SAN 22093. Ranau Distr.: Bukit Kalong, primary forest on hillside, alt. 450 m., 26 Aug. 1965, *Francis & Stephen* SAN 49765:—Tree, bole 9 m., d.b.h. 90 cm., crown 21 m.; outer bark green-grey, inner bark red, scaly, sapwood white, slash medium hard; flower [♀] yellow.

Probably this species:—

INDONESIAN BORNEO (Central East). W. Kutzi, no. 36, Long Petah, high river-terrace, forest, common, alt. 450 m., 30 Oct. 1925, *Endert* 4695:—Small tree, 8 m. high; young fruit red.

As I hope to indicate elsewhere (Kew Bull. (1974); cf. also remarks under *A. isabellina* Airy Shaw in Kew Bull. 25: 475–6 (1971)), the section *Grandistipulosae* must be merged in sect. *Trichogynae*, since there is a complete range in stipule size in the two groups, and in almost all the species (of both groups) the ovary where known is pubescent. Even within the combined section, however, it is not easy to suggest an obvious relative for *A. lagenocarpa*. The curious flask-shaped or bottle-shaped fruits seem to be unique in the genus.

H. K. AIRY SHAW

[For caption see overleaf]

FIG. 1, leafy branch with infructescences, *natural size;* 2, portion of branch, showing attachment of stipule, × 3; 3, branchlet with male inflorescences, *natural size;* 4, male inflorescence, × 6; 5, male flower, × 10; 6, young female inflorescence, × 6; 7, calyx of female flower from within, × 8; 8, ovary, longitudinal section, showing ovules; also styles. 1 from *Sibat ak Luang* S. 21878; 2–5 from *Jacobs* 5102; 6–8 from *Endert* 3851.

3701

M·G

ASHTONIA PRAETERITA *Airy Shaw*

Tribus APORUSEAE

Ashtonia praeterita *Airy Shaw* in Kew Bull. 27: 4 (1972); Whitmore, Tree Flora Malaya 2: 62, fig. 1 (1972); ab *A. excelsa* Airy Shaw foliis et fructibus duplo minoribus, glomerulis florum ♂ plurifloris saepe breviter pedunculatis, sepalis 4 vix manifeste papillosis, filamentis manifeste evolutis, ovario triloculari recedit.

Arbor glabra, usque 30 m. alta. *Folia* elliptica usque obovata, usque 7·5 × 4 cm., basi cuneata, apice obtusissima vel rotundata, raro subemarginata, margine integro conspicue reflexo, chartacea vel coriacea, supra nitidula, subtus obscura, siccitate plerumque luteo-viridia vel ochracea; costa gracilis, subtus prominens, supra vix prominula; nervi primarii 5–6-jugi, gracillimi, patuli; nervi minores irregulariter reticulati; petiolus gracillimus, usque 3·5 cm. longus, 1 mm. crassus, apice glandulis binis minimis conicis lateralibus saepe instructus; stipulae anguste ovatae, 3–5 mm. longae, caducae. *Inflorescentiae* ♂ in ramulis infra folia hornotina gestae, usque 6 cm. longae, rectae sed rhachi saepe subanfractuosa, dissite glomeruliflorae, glomerulis multifloris 2–3 mm. diametro 0–1 mm. pedunculatis, bracteis compluribus suborbicularibus 1 mm. latis membranaceis ciliolatis. *Sepala* plerumque 4, suborbicularia, vix 1 mm. longa, ciliolata. *Stamina* 5–6, filamentis usque 1 mm. longis, thecis subglobosis fere discretis latrorsis. *Disci glandulae* inter stamina forsan minutissimae? *Pistillodium* majusculum, subquadratum, conspicue papillosum, staminibus brevius, stigmate transverso 1 × 0·5 mm. *Inflorescentiae* ♀ plerumque in axillis foliorum hornotinorum gestae, cum paucis ramifloris, laxe racemosae, usque 4 cm. longae, pedicellis 1–1·5 mm. longis basi articulatis. *Sepala* 4, late ovata, 2 × 1·5 mm., apice rotundata vel subacuta, basi incrassata, ceterum membranacea, imbricata, caduca. *Discus* 0. *Ovarium* ovoïdeum, 2 × 1 mm., 3–4-loculare, stylo subnullo, stigmatibus 3 brevibus bilobis recurvis parce brevissime grosse papillosis. *Capsula* (ex endocarpiis delapsis) ut videtur 1·5–2 cm. longa, trilocularis; semina ellipsoïdea, 7–8 × 3–4 mm., arunculo parvo ornata.

MALAYA. Pahang: Fraser's Hill, hillock behind Pahang bungalow garage, on flat ridge top, alt. 1260 m., 27 May 1969, *Whitmore* FRI 12240. *Ibid.*, 28 June 1969, *Whitmore* FRI 12262 (fruiting collection of FRI 12240). *Ibid.*, common along path near Pine Tree Hill, high forest on hillside, alt. 360 m., 27 May 1969, *Whitmore* FRI 12244. Saddle between Ulu Gombak and Ulu Batang Kali on Bunga Buah upslope, lower montane forest, alt. 900 m., 15 Feb. 1970, *Whitmore* FRI 15152. Gunong Bunga Buah, Pahang-Selangor border, on peaty soil overlying quartzite rocks, alt. 1260 m., 6 May 1970, *Soepadmo* 783 (K, holotype):—Flowers [♂] bright yellow. *Ibid.*, alt. 1260 m.,

6 May 1970, *Soepadmo* 784:—Inflorescence [♀] greenish yellow. Negri Sembilan: Jelebu, primary forest on ridge top, alt. 450 m., 10 Oct. 1969, *Everett* KEP 104934:—Fruits (green) clustered.

The genus *Ashtonia* Airy Shaw (*Kew Bull.* 21: 357 (1968)) is closely related to *Aporusa* Bl., and perhaps even more closely to the tropical American *Richeria* Vahl, differing from both in the presence of a large pistillode in the male flower. It differs further from *Aporusa* in possessing 5–6 instead of (normally) 2 stamens, and from *Richeria* in the very short filaments, in the globose anther-thecae, and in the apparent absence of disc-glands. *Ashtonia praeterita* differs from the Bornean *A. excelsa*, the type species, in its much smaller leaves and fruits and in its usually 4 male sepals. Good flowering material of the Bornean species is, however, still needed in order to make a satisfactory comparison.

H. K. AIRY SHAW.

FIG. 1, leafy branch with male inflorescences, *natural size*; 2, male inflorescence, in bud, × 2; 3, 4, male flower, in vertical and oblique view, × 14 and × 10 respectively; 5, female flower (calyx fallen), × 6; 6, capsule, from below, × 2; 7, capsule (immature) in vertical section, showing attachment of ovules, × 2; 8, valve of dehisced capsule, × 2. 1–4 from *Soepadmo* 783; 5 from *Soepadmo* 784; 6, 8 from *Whitmore* FRI 12240; 7 from *Whitmore* FRI 12262.

3702

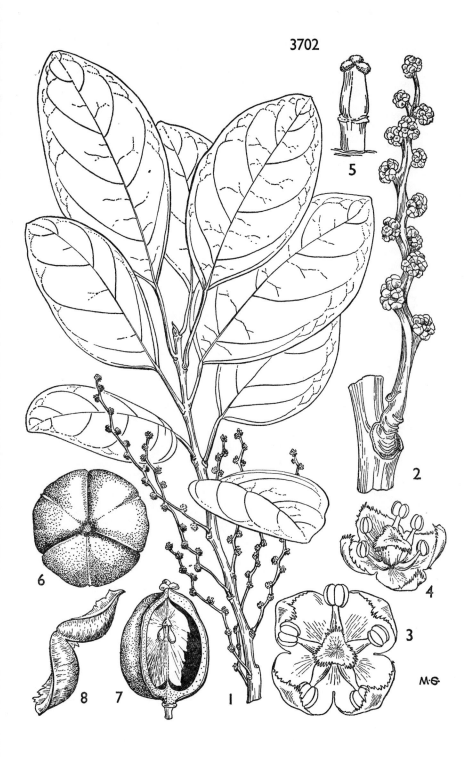

5

2

4

3

6

8 7 1

M·G

TABULA 3703

RICHERIELLA MALAYANA *Henderson*

Tribus PHYLLANTHEAE. Subtribus SECURINEGINAE

Richeriella malayana *Henderson* in Gard. Bull. Str. Settlem. 7: 122, t. 32 (1933) & in Journ. Mal. Br. Roy. As. Soc. 18: 71 (1939); Airy Shaw in Kew Bull. 25: 489, 492 (*in clavi*) (1971) & 26: 328, *in obs.* (1972); a peraffini *R. gracili* (Merr.) Pax & Hoffm. foliis plerumque majoribus paullo tenuioribus et praesertim inflorescentiis ♂ late ramosis recedit.

Frutex vel *arbor parva*, usque 13 m. alta, glabra, ramulis teretibus, cortice brunnescente vel albido, lenticellis parvis rotundis numerosis. *Folia* oblongo-elliptica, rarius late oblanceolata, 10–28 cm. longa, 4–10·5 cm. lata, basi cuneata usque rotundata, apice cuspidata usque breviter acuminata, ipso apice obtuso, margine integro praesertim basin versus anguste reflexo vel imo subrevoluto, tenuiter chartacea usque vix coriacea, siccitate plerumque viridula vel supra plumbea, laevia, obscura vel vix nitidula; costa gracilis, supra prominula, subtus prominens; nervi laterales 8–13-jugi, gracillimi, late patuli, arcuato-procurvi, marginem versus conspicue anastomosantes, utrinque (maxime subtus) prominuli; nervi minores laxi; petiolus 3–7 mm. longus, 1–2 mm. crassus; stipulae ovatae vel subulatae, 2·5–3 mm. longae, peltatae, caducae. *Inflorescentiae* ♂ late pyramidato-thyrsoïdeae, usque 18 cm. longae et latae, plerumque ex axillis aphyllis annotinis sed interdum ex axillis foliorum superiorum exortae, multiramosae, gracillimae, ramis late patentibus angulatis dissitifloris, floribus glomerulatis, glomerulis 3–8-floris bractea minuta triangulari-ovata acuta dorso carinata suffultis, floribus alabastro globosis sessilibus sub anthesi pedicello 1 mm. longo suffultis. *Sepala* 5, suborbicularia, 0·8–1·2 mm. longa, valde imbricata. *Stamina* 5, filamentis gracilibus 2–2·5 mm. longis longe exsertis, antheris late oblongo-ovatis 0·5 mm. longis. *Disci glandulae* 5, obconicae, truncatae, carnosulae, 0·2 mm. longae. *Pistillodium* bipartitum, 1 mm. longum, segmentis subulatis erectis apice recurvis. *Inflorescentiae* ♀ non visae. *Infructescentiae* pauciramosae, usque 6 cm. longae, pedicellis usque 2·5 cm. longis. *Capsula* alte tricocca, depressa, 10–11 mm. diametro, 5 mm. alta, siccitate fusco-brunnea, reticulata, sepalis 5 persistentibus ovatis usque 1 mm. longis acutis vel obtusis suffulta; styli 3, ultra medium bifidi, Y-formes, 1 mm. longi, ramis linearibus, stigmatibus punctiformibus: semina depresse globosa, 4–5 mm. diametro, laevia, nitida, pallide castanea, haud marmorata.

MALAYA. Penang: Road to Baliek Pulau, July 1890, *Curtis* 2463:—Small tree 6–12 m.; flower [♂] white.—Perak: Gunong Pondo, on limestone rocks, dense jungle, alt. 150–300 m., 1885, *King's Collector* 8286:—A shrub 1–1·5 m. high; leaves rich green; fruit dark green. Gunong Pondok, at base of limestone cliff, low alt., 7 June 1930, *Henderson* SFN 23790 (type, SING; isotype, K).

Tambun limestone cliffs, near Ipoh, 10 Sept. 1920, *Burkill* SFN 6281 :—Bush; flowers [♂] green. Padang Rengas, 15 June 1924, *Burkill* SFN 13561 :—Small tree; buds [♂] green. *Sine loc.*, 1887, *Scortechini s.n.*—Pahang: Pulau Tioman, Sungai Tawar, low alt., 26 June 1915, *Burkill* SFN 1029 :—3 m. tall. Tioman Island, without exact locality, June 1916, *Kloss* s.n.—Henderson also cites *Ridley* 9396, from Balik Pulau, Penang, and *Cantley's Collector* 2247, from Malacca (?), which I have not seen.

SARAWAK. First Division; Bidi, Bau, lower slopes of limestone hill, on limestone rocks with intervening igneous derived soil, alt. . . . m., 12 April 1965, *Anderson* S.20979 :—Small tree, coppicing from base, 15 cm. girth; fruit in axils of old leaves or on branches, green with three loculi. Bkt. Kolong, Tai Ton, Bau, in steep sloping valley between Bkts. Tabai and Kolong, soil reddish yellow, slightly sandy clay, alt. 45 m., 14 Dec. 1965, *P. Chai & L. H. Seng* S.16176 :—Tree 6 m. tall, 15 cm. girth; bark smooth and greyish; fruit light green. 21st mile, Simanggang Road, flanks of limestone hill, large limestone boulders, alt. . . . m., 5 Sept. 1966, *Anderson* S.24795 :—Small tree, 25 cm. girth; ♂ inflorescence, white.

E. INDONESIAN BORNEO (Central). W. Koetai, no. 43, Kombeng, forest on limestone rock, alt. 40 m., 22 Nov. 1925, *Endert* 5139 :—Small tree, 10 m. high, 12 cm. diam.; fruit green. E. Kutei (Sangkulirang subdiv.), G. Tepian Lobang on Menubar River, loam soil and limestone rocks, alt. 75 m., 18 June 1951, *Kostermans* 5311 :—Tree 10 m., bole 6 m.; bark smooth, pale grey-brown; fruit green. Mt. Njapa on Kelai River, Berau, alt. 200 m., 22 Oct. 1963, *Kostermans* 21431 :—Tree 10 m.; bark smooth, light brown.

For a discussion of the generic affinities of *Richeriella* and of the differences between *R. malayana* and *R. gracilis*, I refer to my note in Kew Bull. 35: 490 (1971). It has been thought desirable to publish a further illustration of *R. malayana*, since the drawing accompanying Henderson's original description (*l.c.*: t.32) is somewhat inadequate. The female inflorescence—probably very inconspicuous—has not yet been collected. The plant is evidently closely associated with limestone rocks.

H. K. AIRY SHAW

FIG. 1, leafy branch, × ⅔; 2, portion of branch with male inflorescences, *natural size;* 3, portion of male inflorescence, × 3; 4, male flower (one sepal removed), × 14; 5, male flower (sepals and anthers removed), showing glands and pistillode, × 20; 6, disk glands, × 20; 7, young infructescences, *natural size.* 1–6 from *Kloss s.n.*; 7 from *Kostermans* 5311.

PHYLLANTHUS CAESIUS *Airy Shaw & Webster*

Tribus PHYLLANTHEAE. Subtribus PHYLLANTHINAE

Phyllanthus caesius *Airy Shaw & Webster* in Kew Bull. 26: 90 (1971); species egregia, affinitate obscura, propter stamina 5 inaequaliter connata et grana pollinis subglobosa reticulata tricolporata cum Subgen. *Kirganelia* Sect. *Anisonema* comparanda, sed foliis usque 15 cm. longis caudato-acuminatis chartaceis vel subcoriaceis subtus glaucis et fructu capsulari tricocco (nec baccato 4–5-loculari) in illo subgenere valde anomala.

Frutex vel *arbor*, 3–7 m. alta, ut videtur dioeca, ramis usque 6 mm. crassis stramineo-castaneis nitidis valde striatis lenticellis parvis brunneis prominentibus notatis, ramulis elongatis 1–2·5 mm. crassis teretibus tenuissime striolatis glabris. *Folia* oblongo-lanceolata, interdum ovata, (6–)8–15 cm. longa, (2·2–)3·5–5·3 cm. lata, basi cuneata usque late cuneata, apice abruptiuscule caudato-acuminata, acumine 1·5–2 cm. longo ipso apice acutissimo, margine integro, chartacea vel subcoriacea, glaberrima, siccitate supra lucidula, subtus glauca; costa gracilis, subtus parum prominula, quasi applanata, glaucedine carens, supra vix prominula, sulco tenuissimo percursa; nervi laterales gracillimi, 3–5-jugi, subtus prominuli, angulo acuto adscendentes, inferiores saepe longe ultra medium fere recto cursu protensi (genus *Ryparosam* Bl. aliquot in mentem revocantes); nervi minores tenuissimi, sed reticulum subtus conspicuum prominulum efformantes; petiolus 4–5 mm. longus, 1 mm. crassus, glaber; stipulae subulatae, 3–4 mm. longae, acutissimae, glabrae, caducae. *Flores* ♂ in fasciculis multifloris axillaribus basi densissime brunneo-bracteatis editi; pedicelli filiformes, usque 11 mm. longi. *Tepala* 5, valde imbricata, late elliptico-ovata, 4–5 mm. longa, 2–3 mm. lata, apice rotundata, membranacea, glabra, teste collectore alba. *Discus* 5-lobus, lobis transverse ellipticis vel subreniformibus fere 1 mm. latis 0·5 mm. longis. *Stamina* 5, fere 2 mm. longa, filamentis in columnam alte subinaequaliter connatis apice breviter liberis et recurvis 2 exterioribus quam 3 interiora paullo brevioribus, antheris breviter ovoïdeis subhorizontaliter dehiscentibus. *Flores* ♀ ignoti. *Capsula* pedicello gracili glabro 2 cm. longo apice leviter incrassato suffulta, integra non visa, sed post dehiscentiam valvae 1–1·5 cm. longae, pericarpio tenui leviter venuloso glabro siccitate brunneo glaucescente, endocarpio corneo rigido, columna triquetra 7–8 mm. longa relicta; semina ovoïdea, 3–4 mm. longa, 3 mm lata, leviter triquetra, brunnea, laevia, sub lente dense minutissime puncticulata.

W. NEW GUINEA. Bernhard Camp, Idenburg River, rain-forest of mountain slopes, alt. 700 m., April 1939, *Brass* 13736 (type, K):—Common undergrowth tree, 6–7 m. high; lower surface of leaves very glaucous; flowers [♂] white.

PAPUA. Northern District: Popondetta subdistr.; Ioma, lat. 8°7′ S., long. 147°50′ E., lowland swamp forest, alt. 22·5 m., 22 May 1967, *Ridsdale* NGF 31719:—Understorey shrub, height 3·5 m.; leaves light green above, glaucous beneath; fruit glaucous green.

In spite of the character of the androecium and pollen, the fact that the fruit is a tricoccous capsule, rather than a 4–5-locular berry, almost certainly indicates that this distinctive species must be excluded from the subgenus *Kirganelia*, where it was provisionally located by Professor Grady Webster and myself in our original account. In our key to the subgenera of *Phyllanthus* (*l.c.*: 85–86), *Ph. caesius* appears to run down to subgen. *Phyllanthus* itself, but the robust arborescent habit, with relatively large subcoriaceous leaves and large capsules, is widely different from the herbaceous or suffrutescent habit, with small leaves and capsules, that characterizes most species of that subgenus. *Ph. caesius* will probably require a special section, if not a subgenus, to itself.

A further new species, related to *Ph. caesius*, but with even larger leaves and capsules, is represented by the following collection from W. NEW GUINEA: Jappen-Biak, P. Biak, Arijon, 30 Sept. 1939, *Aet & Idjan* (Exped. van Dijk) 955. Unfortunately no flowers are present, so that the species cannot yet be described.

H. K. AIRY SHAW.

FIG. 1, flowering branch, × ⅔; 2, male flower, × 6; 3, male flower with perianth removed, showing disk-glands and androecium, × 14; 4, fascicle of capsule-pedicels, after dehiscence of fruit, × ⅔; 5, dehisced capsule-valve and seed, ×2. 1–3 from *Brass* 13736; 4, 5 from *Ridsdale* NGF 31719.

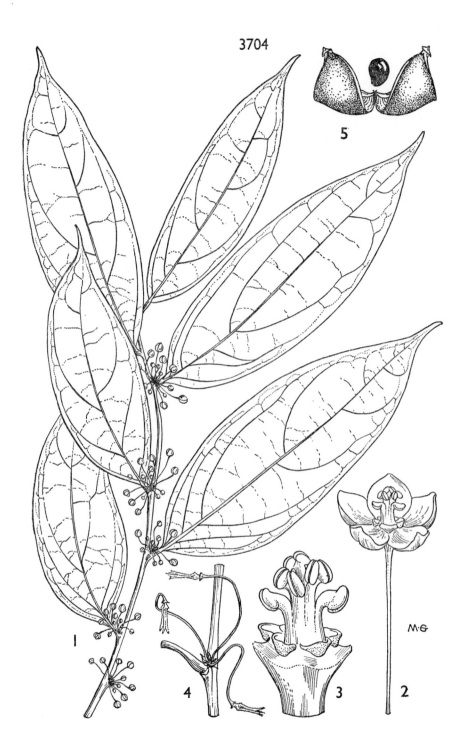

3704

1

2

3

4

5

M·G

TABULA 3705
PHYLLANTHUS ACINACIFOLIUS
Airy Shaw & Webster

Tribus PHYLLANTHEAE. Subtribus PHYLLANTHINAE

Phyllanthus acinacifolius *Airy Shaw & Webster* in Kew Bull. 26: 95 (1971); foliis parvis crassiusculis rigidis falcatis acutis secus ramulos dense pectinatim dispositis, stipulis inferne appendiculo gibbo vesiculiformi auctis, floribus ♂ majusculis, tepalis interioribus elongatis exteriora longe superantibus, staminibus 3, filamentis in columnam robustam valde elongatam connatis, antheris parvis longitudinaliter dehiscentibus, stylis brevissimis in conum brevem conniventibus distinctissimus.

Frutex 1–2 m. altus, rarius arbor parva, ramis teretibus cortice fusco-brunneo glabrescente, ramulis ± angulatis vel compressis purpureo-brunneis breviter rufo-papilloso-puberulis, novellis glabris (!) fere alato-angulatis 2–4·5 cm. longis dense pinnatim dispositis basi bractea lineari conspicua 2–3 mm. longa suffultis. *Folia* anguste falcato-elliptica (acinaciformia) usque elliptico-oblonga, 4–5 mm. longa, 1–2 mm. lata, subcontigue pectinatim disposita, basi anguste rotundata, apice acutissima, margine integro valde revoluto, rigide crassiuscule chartacea, glaberrima, siccitate supra griseo-viridula, sub lente minute rugosula, subtus pallide subochracea, laevissima; costa pro rata valida, subtus prominens, supra impressa; nervi laterales omnino immersi, non visi; petiolus subnullus; stipulae lineares, 1 mm. longae, acutissimae, basi appendice vel auriculo conspicuo vesiculiformi breviter oblongo 0·5–1 mm. longo brunneo-membranaceo auctae. *Flores* ♂ ex axillis distalibus ramulorum singultim orti, pedicello filiformi 5–6 mm. longo glabro. *Tepala* 3 + 3, valde inaequalia: exteriora anguste lanceolato-subulata vel anguste oblonga, 3 mm. longa, inferne 1 mm. lata, basi gibba, dorso carinata, apice obtuse cucullata et apiculata; interiora petaloïdea, late lanceolato-subulata, 5·5 mm. longa, inferne (explanata) circiter 2 mm. lata, superne 1 mm. lata, apice obtuse cucullata, haud apiculata. *Disci glandulae* 3, tepalis exterioribus oppositae, planae, suborbiculares, erectae, 1–1.5 mm. diametro, alte emarginatae. *Stamina* 3, omnino connata; columna robusta, 5 mm. longa (antheris inclusis), 0·6 mm. crassa, leviter obtuse angulata; antherae oblongae, 0·8 mm. longae, columnae fere omnino adnatae, longitudinaliter dehiscentes, obtusae, connectivo haud producto. *Flores* ♀ ex axillis distalibus (plerumque proxime infra flores ♂) singultim orti, pedicello 2 mm. longo triquetro superne incrassato glabro. *Tepala* 3 + 3, subaequalia, ovata, longitudine 1 mm. vix excedentia, obtusiuscula, rigida, dorso carinata, glabra. *Discus* annularis, humillimus. *Ovarium* depresse trilobum, 2·5 mm. diametro, glabrum, stylis brevissime triangularibus crassis obtusis apiculatis in conum vel mammillam obtusam 0·5 mm. altam conniventibus. *Capsula* depresse triloba, 3·5 mm. diametro,

2 mm. alta, siccitate fusco-brunnea, obscura, laevis, in coccos bivalves dissiliens; semina triquetra, dorso rotundata, 1 mm. longa, laevia, castanea.

TERRITORY OF NEW GUINEA. Morobe District: Kaindi, frequent in early growth of a clearing in *Nothofagus grandis* forest, alt. 2060 m., 18 May 1959, *Brass* 29626 (type, K):—Shrub 1 m. high; branches erect, reddish. Edie Creek Road, about 6 km. SW. of Wau, in moist place in oak forest, alt. 1500 m., 6 May 1963, *Hartley* TGH 11786:—Spreading shrub 1·8 m. tall; leaves dark green above, glaucous below; calyx reddish brown; corolla greenish yellow; fruit green. Edie Creek, near Wau, lat. 7°20′ S., long. 146°45′ E., below cliff face, alt. 1890 m., 13 Aug. 1963, *Millar & Holttum* NGF 15847:— Small shrub; fruit (immature) green. Edie Creek, lat. 7°20′ S., long. 146°45′ E., creekside, alt. 2100 m., *Sayers* NGF 19967:—Small shrub, height 1 m.; young stems red; leaves dark green above, light green below; flowers yellow; fruit greenish yellow, immature. New Yamap, lat. 7°10′ S., long. 146°50′ E., lower montane forest, alt. 1650 m., March 1966, *Kairo* NGF 27560:—Small tree; bark reddish; wood moderately hard and heavy, grey, numerous small pores; leaves green above, whitish underneath; fruit green.

This is another remarkably distinct New Guinea species of *Phyllanthus* whose taxonomic position is by no means clear. Although we included it in Sect. *Gomphidium* in our revision (*l.c.*) on characters of styles and pollen, its type of branching is very different from that found in the typical (New Caledonian) members of that section, and is somewhat reminiscent of certain New World species. It is quite possible that *Ph. acinacifolius* may eventually require the establishment of a special section to itself.

H. K. AIRY SHAW

FIG. 1, habit, *natural size*; 2, tip of branch, showing male flowers, fruits, leaves and stipules, × 5; 3, detail of stipules, × 14; 4, male flower, × 8; 5, male flower, perianth removed to show disk-glands and androecium, × 10; 6, female flower, × 16. 1 from *Millar & Holttum* NGF 15847; 2–6 from *Brass* 29626.

PHYLLANTHUS CONCINNUS *Airy Shaw*

Tribus PHYLLANTHEAE. Subtribus PHYLLANTHINAE

Phyllanthus (§Gomphidium) concinnus *Airy Shaw*, nom. nov.

Glochidion pulchellum Airy Shaw in Kew Bull. 23 : 22 (1969); non *Phyllanthus pulchellus* Endl. (1837).

Ab arcte affini *P. kostermansii* Airy Shaw indumento denso rufo et floribus ♀ brevissime pedicellatis distinctus.

Frutex 1–2 m. altus, ramis dense stricte pinnato-ramulosis; rami rigidi, robusti, usque 5 mm. crassi, cum ramulis pulchre dense fusco-brunneo-tomentelli, striatuli, dense foliosi. *Folia* ovata vel elliptica, 1–2 cm. longa, 0·8–1·2 cm. lata, basi subrotundata, apice in apiculum acutissimum 1 mm. longum cito acutata, margine integro sub lente angustissime revoluto, chartacea, supra glaberrima, siccitate obscura, subtus basin versus secus costam conspicue crispule ferrugineo-barbata; costa gracilis, subtus prominula, supra leviter impressa; nervi primarii 4–5-jugi, graciles, patulo-procurvi; petiolus 1–2 mm. longus, ferrugineo-pilosus; stipulae conspicuae, angustissime subulatae, fere filiformes, 3 mm. longa, acutissimae, recurvo-patulae, dorso puberulae. *Flores* ♂ non visi. *Flores* ♀ apicem ramulorum versus gesti, axillares, ut videtur singuli, brevissime (1 mm.) pedicellati, sub ramulis seriatim penduli, pedicellis puberulis. *Tepala* 3 + 3, libera, exteriora subulata, interiora linearia, omnia 2 mm. longa, puberula, acuta. *Pistillum* valde juvenile elongate conicum, 2 mm. longum, basi 1 mm. crassum; ovarium mox subglobosum, 2 mm. diametro, triloculare, superne parce pilosum, stylo trigono-columnari 1·5 mm. longo inferne parce piloso apice brevissime trifido, lobis stigmaticis arcte incurvis. *Capsula* depresse globosa, 3·5–4 mm. lata, 2–3 mm. longa, leviter tricocca, sub lente reticulata, superne pilosula, stylo conspicuo persistente; semina trigona, dorso convexa, fere 2 mm. longa, 1·5 mm. lata, laevissima, nitida, laete castanea.

W. NEW GUINEA. Bele River, 18 km. NE. of Lake Habbema, plentiful on open grassy (formerly cultivated) banks of river, alt. 2200 m., Nov. 1938, *Brass* 11097 (K, type):—Erect, sparsely branched shrub 1–2 m. high.

The absence of male flowers, and the very glochidioid stylar column in the females, misled me into describing this plant in the genus *Glochidion*. Material of a closely related species, *P. kostermansii* Airy Shaw, has since been received, bearing male flowers, which clearly indicate the correct generic disposition. There is a wide range in degree of stylar fusion in the section *Gomphidium*: in at least one New Caledonian species, *Phyllanthus chamaecerasus* Baill., union has proceeded even further than in *P. concinnus*, leaving no trace of apical lobes to the stylar column.

H. K. AIRY SHAW

FIG. 1, habit, natural size; 2, leaf, from below, × 2; 3, detail of stipules, × 6; 4, female flower, × 10; 5, developing fruit, × 6. All from *Brass* 11097.

3706

2

4

3

5

1

M·G

CHORISANDRACHNE DIPLOSPERMA

Airy Shaw

Tribus PHYLLANTHEAE. Subtribus ANDRACHNINAE

Chorisandrachne diplosperma *Airy Shaw* in Kew Bull. 23: 40 (1969), species unica. Genus *Leptopodi* Decne. affine, a quo foliis asymmetricis, calyce parvo, petalis calycem longe excedentibus, disco ♂ plano orbiculari subintegro, seminibus plano-convexis per paria diu cohaerentibus bene distinctum.

Frutex vel *arbor* parva, usque 8 m. alta, maxima ex parte glabra, ut videtur dioeca, ramulis gracilibus lenticellis parvis conspicue notatis. *Folia* elliptica vel ovata, 1–2·8 × 0·7–2 cm., basi saepe manifeste asymmetrica altero latere rotundato altero subcuneato, apice obtuso vel emarginato, margine integro anguste revoluto, tenuiter membranacea, siccitate subtus glaucescentia, glabra vel subtus saepius tenuissime molliter breviter subadpresse albo-puberula; costa gracillima; nervi laterales 4–6-jugi; petiolus pergracilis, 1–2 mm. longus, glaber; stipulae minutissimae, subulatae, citissime caducae. *Flores* ♂ apicem ramulorum versus sparsim editae, vel singuli vel bini fasciculati, pedicellis capillaribus 5–6 mm. longis glabris saepe apice geniculatis. *Flos* ♂ expansus 4 mm. diametro. *Sepala* 5, late obovata, 1·5 × 1 mm., hyalina, nervis obsoletis. *Petala* 5, obovata, 1·5–2 × 1 mm., unguiculata, obtusa, hyalina, laxe reticulato-nervosa. *Discus* pro rata magnus, discoïdeus, planus, obscure pentagonus, 1·5 mm. diametro. *Stamina* 5; filamenta filiformia, 1·5–2 mm. longa, breviter connata, divaricata; antherae parvae, subglobosae. *Pistillodium* cylindricum, 1 mm. longum. *Flores* ♀ ex axillis inferioribus singultim exorti, in statu fructifero tantum visi. *Calyx* obtuse 5-lobus, 3 mm. diametro. *Petala* rhomboïdeo-spatulata, 2·5 × 1 mm., subacuta, venosa, persistentia. *Discus* late cupularis, 3–4 mm. diametro, obtuse pentagonus. *Capsula* pedicello elongato gracili 2–2·5 cm. longo sursum leviter incrassato glabro gesta, integra non visa, sed valvae delapsae 8 mm. longae, pericarpio siccitate olivaceo rugosulo glabro, endocarpio tenuiter corneo, columella persistente 4 mm. longa; styli caduci, non visi. *Semina* per paria diu cohaerentia, corpus obtuse crasse lenticulare quasi quarta parte truncato-decisa 5 mm. diametro 4 mm. crassum efformantia; semen ipsum depresse plano-convexum, unilateraliter oblique truncatum, testa siccitate bubalina vel mellea.

THAILAND (SIAM). South-Western Region: Rachaburi Circle; Hua Hin, Prachuap, in light evergreen forest, alt. 10 m., 8 Nov. 1927, *Kerr* 13503:—Shrub to 4 m. high. Pak Tawan, Prachuap, common in dry evergreen forest, alt. 20 m., 30 July 1931, *Kerr* 20526 (K, type):—Small tree to 8 m. high. *Ibid.*, 1 Aug. 1931, *Kerr* 20537:—Small tree to 5 m. high. Pranburi Military Reservation, 20 km. west of Pranburi, Summer 1963, *Darrow s.n.*

The pentamerous, petaliferous flowers, with their large disk, clearly indicate the affinity of this plant with *Andrachne* L. and more especially with *Leptopus* Decne., but the general aspect of the plant is very much that of some slender species of *Phyllanthus*, especially of sect. *Chorisandra* (Wight) Muell. Arg. The generic name indicates this two-way resemblance. It is unfortunate that the ♀ flowers are not yet known, in order to indicate the ovary and style structure. The plant is evidently extremely local.

H. K. AIRY SHAW

FIG. 1, fruiting branch, *natural size*; 2, branchlet with male flowers, *natural size*; 3, male flower, × 10; 4, male flower in longitudinal section, × 10; 5, female flower, showing persistent sepals, petals, disk and columella after dehiscence of capsule, × 8; 6, pair of seeds, × 3; 7, a seed in longitudinal section, showing truncated end, × 3. 1, 2 from *Kerr* 20526; 3, 4 from *Kerr* 20537; 5–7 from *Darrow s.n.*

3707

TABULA 3708

SAUROPUS HETEROBLASTUS *Airy Shaw*

Tribus PHYLLANTHEAE. Subtribus SAUROPODINAE

Sauropus (§ **Cryptogynium**) **heteroblastus** *Airy Shaw* in Kew Bull. 23: 48 (1969); ramis primariis elongatis subsimplicibus aphyllis, ramulis (brachy-blastis) valde abbreviatis folia et flores gerentibus, foliis conspicue cuneato-obovatis apice saepe retusis in genere distinctissimus.

[*S. compressus* sensu Beille in Lecomte, Fl. Gén. Indoch. 5: 655 (1927), *non* Muell. Arg.]

Frutex usque 2 m. altus, ramis primariis elongatis subsimplicibus vel parce ramosis teretibus usque 3 mm. crassis glabris, novellis compressis ancipitibus, angulis angustissime alatis, alis minute asperis, asperitatibus sursum intentis, ramulis lateralibus (brachyblastis) saepe geminis usque 7 mm. longis gracilibus compressiusculis asperulis inferne nudis apice folia 1–3 et flores ♂ 1–3 vel florem ♀ singulum bracteis multis minutis scariosis acutis confertis suffultos gerentibus. *Folia* cuneato-obovata, 1·5–3·2 cm. longa, 0·7–2 cm. lata, basi in petiolum longe cuneato-angustata, apice rotundata vel saepe emarginata vel interdum obcordata, margine integro vel minute sinuato plano vel anguste revoluto, membranacea usque chartacea, glabra, siccitate fusco-viridia vel brunnea; costa gracilis, utrinque prominula; nervi primarii gracillimi, 3–4-jugi, acute adscendentes; petiolus 1–2 mm. longus, supra papilloso-puberulus. *Flos* ♂ discoïdeus, 3 mm. diametro, teste collectore colore lateritio, perianthii segmentis late obovatis vel suborbicularibus leviter imbricatis basi breviter tantum connatis apice truncatis carnosulis glabris, apicibus inflexis ut videtur obtusiusculis columnae staminali brevissimae appositis; pedicellus filiformis, 5–7 mm. longus. *Flos* ♀ obconicus, 4 mm. longus, 5–6 mm. diametro, segmentis late spatulatis 2·5 mm. latis apice rotundatis vel brevissime apiculatis conspicue nervosis glabris, pedicello 1–2 mm. longo crassiusculo. *Ovarium* obovoïdeum, 2·5 mm. longum, 2 mm. latum, glabrum, apice excavato-truncatum et margine inter stylos brevissime appendiculatum; styli brevissimi, marginales, inter se longe separati, breviter recurvo-bicrures. *Capsula* non visa, sed teste Beille (*l.c. supra*) depresso-globosa, 9 mm. diametro et 4–5 mm. longa.

THAILAND (SIAM). North-Eastern Region: Udawn Circle; Wa Nawn, Sakon, on river bank, alt. 200 m., 17 Feb. 1924, *Kerr* 8487:—Straggling shrub.

S. VIETNAM. Dalat and vicinity, very common on sandy river banks, March–April 1932, *Squires* 921 (K, type):—Shrub 1·5–2 m. tall; flowers brick red, not odorous; native name (Moi), 'ka cha lei'.

CAMBODIA. Montagne de Componchuang, June 1875, *Godefroy-Lebeuf* 136, 136 *ter* (Expédition du Dr. Harmand). 'Cochinchine et Cambodge', *sine loc. exact.*, 1930, *Poilane* 17369.

The unusual habit of this species, with long shoots and abbreviated short shoots, is certainly a kind of rheophytic adaptation, similar to that found in the almost pantropical *Rotula aquatica* Lour. (*Ehretiaceae*) and in the tropical West African *Croton scarciesii* Scott-Elliot. The floral characters seem to be typical for the section *Cryptogynium*. The species is probably more common than the above few records suggest.

H. K. AIRY SHAW

FIG. 1, flowering branch, showing habit, *natural size*; 2, male flower, from above, × 10; 3, male flower, longitudinal section, × 10; 4, female flower, × 10; 5, female flower, with perianth in longitudinal section, × 10; 6, ovary, from above, × 15. All from *Squires* 921.

3708

TABULA 3709

SAUROPUS AMABILIS *Airy Shaw*

Tribus PHYLLANTHEAE. Subtribus SAUROPODINAE

Sauropus (§ Glochidioïdei) amabilis *Airy Shaw* in Kew Bull. 23: 49 (1969); ab affini *S. villoso* (Blanco) Merr. habitu herbaceo, pube tenuiore, rete venularum diverso ei *S. calcarei* Hend. subsimili, floribus ♂ multo majoribus late aperte cupuliformibus longe pedicellatis bene distinctus.

Herba perennis, usque 40 cm. alta. *Caules* e caudice lignoso erecti, graciles, teretes, 1–1·5 mm. crassi, inferne simplices et nudi, superne ramulos laterales simplices patulos contigue distiche foliosos usque 18 cm. longos (folia pinnata simulantes) gerentes, breviter molliter pubescentes, pilis longioribus sparsioribus patentibus cum brevissimis densissimis intermixtis. *Folia* secus ramulos regulariter distiche alterna et subcontigua, plerumque late oblonga, inferiora in quoque ramulo interdum ovata, distalia interdum oblanceolata, 1·5–4·5 cm. longa, 1–2 cm. lata, basi leviter cordata vel rotundata vel rarius (in distalibus) subcuneata, apice rotundata vel obtusa vel vix obscure apiculata, margine integro angustissime revoluto, tenuiter membranacea, siccitate supra obscura, subtus subglauca, utrinque molliter parce vel densius subadpresse pilosa, in pagina superiore pilis e pustulis parvis ortis, zona submarginali densius et brevius pustulato-pilosa; costa gracilis, supra leviter impressa, subtus prominula; nervi primarii gracillimi, 3–5-jugi, arcuato-patuli, inconspicui; nervi minores pulchre irregulariter reticulati, utrinque prominuli, saepe hinc inde irregulariter leviter incrassati, pagina superiore per zonam marginalem 1 mm. latam creberrime et conspicue elevato-arcuato-reticulati; petiolus vix 1 mm. longus, pubescens; stipulae anguste subulatae, 2–3 mm. longae, acutissimae, puberulae. *Flores* ♂ axillares, singuli vel bini, sub ramulis penduli, glaberrimi, siccitate aurantiaci, pedicello filiformi 4–5 mm. longo glaberrimo, bracteis minutis suffulti. *Perianthium* aperte disciformi-cupulare, 4 mm. diametro, margine subintegro inflexo leviter incrassato, conspicue radiatim nervosum. *Perianthii segmentorum apices liberi inflexi* ('disci glandulae' sic dictae) carnosi, conjunctim pulvinum humilem subhemisphaericum 2 mm. diametro efformantes, conspicue papillosi; exteriores (staminibus oppositi) ovati, integri, obtusi; interiores paullo longiores, apice inaequaliter trilobulati, lobulo medio majore rotundato in sinu inter lobos columnae staminalis arcte accommodato, lobis lateralibus minoribus acutis. *Columna staminalis* perianthii apices haud superans, triradiata, 1 mm. diametro. *Flores* ♀ in axillis distalibus solitarii, raro flore masculo comitati, turbinati, cum pedicello 2–5 mm. longo dense patentim setuloso-pubescentes. *Perianthium* rotatum, 2–3 mm. diametro; segmenta usque circiter dimidium connata, spatulato-elliptica, basi angustata, apice acuta, late recurvo-patentia, extra pilosa, intus glabra, siccitate nigra. *Ovarium* turbinatum, 1 mm. longum, glabrum, stylis brevibus bifidis ramis recurvis. *Capsula* ignota.

THAILAND (SIAM). Northern Region: Nakawn Sawan Circle; Hua Wai, Nakawn Sawan, 31 Aug. 1931, *Put* 4102 (type, K).—North-Eastern Region: Udawn Circle; Wang Sapung, Lôi, in mixed deciduous forest, alt. 200 m., 18 March 1924, *Kerr* 8778.

This apparently scarce species occupies to some extent an intermediate position between *Sauropus villosus* and *S. calcareus* Hend. In most of its characters it is evidently closer to the former species, but it approaches the latter in its remarkably distinct venation. The 'glochidioid' habit and especially the minute setulose-hispid ♀ flowers led to the establishment for *S. villosus* and *S. amabilis* of the special section *Glochidioïdei* (see Kew Bull. *l.c.*: 51). A good coloured plate of *S. villosus* (as *Kirganelia villosa*) in the fruiting stage will be found in Blanco, Fl. Filip. ed. 3, 3: 116, t.399 (1879). The fruit of *S. amabilis* has unfortunately not yet been collected.

H. K. AIRY SHAW

FIG. 1, habit, × ⅔; 2, male flower, from above, showing inflexed margin and tips of the 6 perianth-segments around the triangular apex of the staminal column, × 10; 3, male flower, longitudinal section, × 10; 4, female flower, × 16; 5, female flower, with part of perianth cut away to show lateral view of ovary, × 16; 6, ovary from above, × 16. All from *Put* 4102.

3709

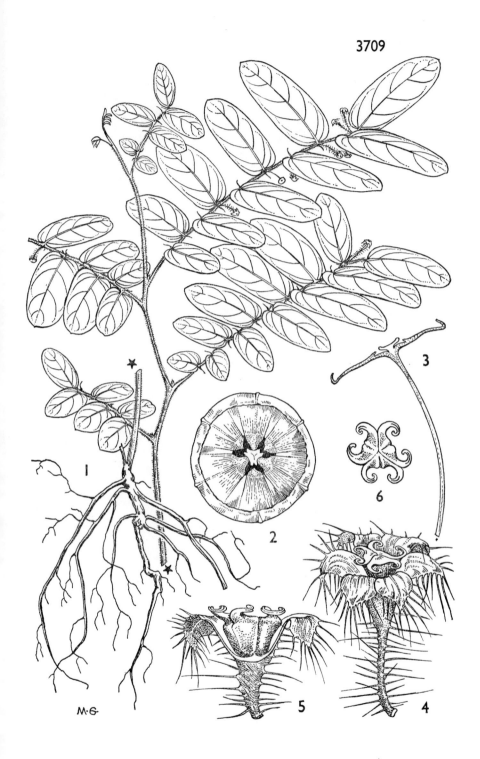

M·G

TABULA 3710
DRYPETES POLYNEURA *Airy Shaw*
Tribus PHYLLANTHEAE. Subtribus DRYPETINAE

Drypetes (§ **Sphragidia**) **polyneura** *Airy Shaw* in Kew Bull. 20: 388 (1966) & 27: 75 (1972); foliis leviter vel obscure indentato-crenatis, nervis primariis pro rata numerosis (10–15-jugis) parallelis plerumque intra marginem anastomosantibus, stipulis angustissimis fere linearibus, staminibus tantum 10, filamentis brevissimis, fructu breviter late didymo-ellipsoïdeo, in sectione valde distincta.

Arbor 12–21 m. alta, ramulis angulatis glabris. *Folia* elliptica vel fere oblongo-elliptica, 8–17 cm. longa, 3·5–6·2 cm. lata, basi leviter sed distincte inaequilatera, latere inferiore late cuneata, latere superiore rotundata usque subtruncata, apice sensim vel abruptiuscule anguste acuminata, acumine circiter 1 cm. longo, margine fere plano remotiuscule et manifeste vel obscure indentato-crenato, chartaceo-coriacea, glaberrima, supra lucidula, subtus obscura; costa gracilis, subtus prominens, supra etiam manifeste elevata; nervi laterales pro rata numerosi, 10–15-jugi, tantum 5–8 mm. inter se sejuncti, graciles, adscendentes, parum curvati, prope marginem plerumque arcuato-anastomosantes, utrinque prominuli; nervis minoribus manifeste pulchre crebre tenuiter reticulatis, reticulo utrinque elevato; petiolus gracilis, 8–10 mm. longus, glaber, supra canaliculatus; stipulae caducissimae, in ramulis novellis tantum visae, anguste lineares, 1 cm. longae, 1 mm. latae, acutissimae, glabrae. *Flores* ♂ ut videtur cauliflori, pedicellis gracilibus usque 12 mm. longis puberulis. *Sepala* 4–5, orbicularia usque late obovata, 2–3 mm. longa, saepe inaequalia, valde cucullata, basi intus pilosula, margine minute ciliolata, ceterum glabra. *Discus* haud manifestus. *Stamina* circiter 10, filamentis brevissimis, antheris 1·5 mm. longis fere 1 mm. latis valde arcuatis. *Flores* ♀ ramiflori, 1–3 fasciculati, pedicellis 5–15 mm. longis brevissime puberulis. *Sepala* 4, suborbicularia, usque 6 mm. diametro, minute ciliata, ceterum fere glabra. *Discus* annularis, humillimus, inconspicuus, glaber. *Ovarium* globosum vel leviter didymum, 3–4 mm. diametro, dense subfulvo-tomentosum; styli 2, brevissimi; stigmata latissime reniformia vel orbicularia, fere pileiformia, 3–5 mm. diametro. *Fructus* breviter late didymo-ellipsoïdeus (junior interdum globosus), usque 2·5 cm. longus, 2·2 cm. latus et 1·6 cm. crassus, basi et apice truncato-rotundatus, constrictione longitudinali manifesta nec tamen alta notatus, brevissime tomentellus, statu vivo luteus, pyrenis applanato-oblongo-ovoïdeis 15 mm. longis 10 mm. latis 6–7 mm. crassis, stigmatibus caducis; pedicellus fere usque 2·5 cm. longus, 2–3 mm. crassus.

BANKA. Lobok besar, on granitic sand, alt. 20 m., 8 Sept. 1949, *Kostermans & Anta* 532:—Tree 18 m.; bark smooth, grey; wood white, buttresses 45 cm. high; vernacular name, 'tegan'. *Ibid.*, 22 Sept. 1949, *Kostermans & Anta* 847:—

Tree 12 m. tall, diam. 40 cm.; bark grey-white; flowers [♂] already dried up; vernacular name, 'segan'. *Ibid.*, G. Pading, alt. 50 m., '30–29 Sept.' 1949, *Kostermans & Anta* 984:—Tree 16 m., diam. 20 cm.; bark grey, smooth; wood hard, yellowish; fruit pale green.

SABAH. Tenom Distr.: Mandalom For. Res., sandstone ridge, primary forest with bamboos, alt. . . ., 14 Dec. 1962, *Mikil* SAN 31968 (type, K):— Tree, height 20·5 m., girth 1·2 m.; bark smooth, outer yellowish, hard sand (?); cambium whitish, soft, stiff; flower [♀] yellowish, woolly, inner whitish. Tenom Distr.: Biah trial, west of Sapong, primary hill forest, alt. 360 m., 11 Aug. 1964, *Meijer* SAN 44043:—Tree, bole 30 cm. diam., bole 20 cm. [?], crown 5 m. [?]; buttresses short, rounded; inner bark ochre brown, discolour-ing near cambium, bole densely fine-fissured; fruit orange ochre on branches. Tenom Distr.: Pa'al, 15 July 1969, *Aban Gibot* SAN 64312:—Tree 6 m. height; fruit reddish. Ranau Distr.: Beaufort Hill, primary forest on hillside, soil brown, alt. 60 m., 20 Aug. 1965, *Lajangah* SAN 44594:—Tree, height 18 m., clear bole 7·5 m., girth 120 cm.; outer bark smooth, colour white, inner bark yellow, sapwood whitish; flower [♀] yellowish.

E. INDONESIAN BORNEO. E. Kutei, Sangkulirang Distr., Kerajaan R. region, alt. 30 m., 6 July 1951, *Kostermans* bb. 34777:—Tree 32·5 m., diam. 51 cm.; vernacular name, 'kayu tulang'. Tandjong Bako region, near mouth of Mahakam river, sandy soil, low ridge, alt. 20 m., 19 May 1952, *Kostermans* 7025:—Tree 20 m., bole 10 m., diam. 30 cm.; bark finely fissured, 1 mm. thick, pale grey-brown, living bark 10 mm., light brown; wood pale honey-coloured; fruit yellow. Berau, Tdg. Redeb, Kelai River, near Long Lanuk, periodically inundated soil, alt. . . . , 7 Oct. 1963, *Kostermans* 21143:—Tree 35 m., diam. 40 cm.; buttresses hardly developed; bark smooth, light brown; calyx yellowish; fruit green.

The relatively numerous, closely spaced, parallel lateral nerves, together with the regularly but very shallowly crenate-dentate margin, mark off *D. polyneura* sharply from others in the region. There are many more gather-ings of the species in the Leiden herbarium (L); it is evidently very common locally. It appears to show some preference for sandy soil.

H. K. AIRY SHAW

FIG. 1, leafy twig, × ⅔; 2, leaf from lower branch, × ⅔; 3, male flower, × 6; 4, male flower, longitudinal section, × 6; 5, female flower, showing subpileiform stigmas, × 6; 6, fruiting branch, × ⅔; 1, 2 & 6 from *Aban Gibot* SAN 64312; 3, 4 from *Lajangah* SAN 44594; 6 from *Kostermans* 532.

3710

TABULA 3711
CLEISTANTHUS INSIGNIS *Airy Shaw*
Tribus BRIDELIËAE

Cleistanthus (§Nanopetalum) insignis *Airy Shaw* in Kew Bull. 20: 391 (1966); *C. bracteoso* Jabl. (malayano) forsan affinis, sed foliis subtus glaberrimis, inflorescentiis elongatis usque 14 cm. longis, rachi minute adpresse leprosulo-puberula, bracteis dorso conspicue adpresse cinereo-puberscentibus recedit.

Arbor usque 22 m. alta. *Ramuli* validi, striati, juniores minute puberuli, mox glaberrimi, interdum costis binis conspicuis circiter 1 cm. longis infra petiolorum insertiones decurrentibus ornati. *Folia* inter maxima, oblongo-elliptica, 15–33 cm. longa, 6·5–12 cm. lata, basi latissime cuneata vel vix rotundata, apice breviter obtuse apiculata, margine integro angustissime reflexo, chartacea vel subcoriacea, glaberrima, siccitate supra viridula, lucidula, subtus pallidiora, opaca, vix glaucescentia; costa haud valida, subtus prominens, teres, supra anguste impressa; nervi laterales 12–13-jugi, graciles, subtus anguste prominentes, supra fere plani, patuli; nervi minores tenuissimi: petiolus 1–1·5 cm. longus, 3 mm. crassus, valde rugosus, interdum vitellinus, junior minute puberulus, mox glaber; stipulae non visae, ut videtur caducissimae. *Inflorescentiae* axillares, usque 14·5 cm. longae, robustae, rigidae, e ramo horizontali erectae, rhachi minute adpresse puberula vel albido-leprosula, floribus sessilibus irregulariter dissite glomerato-spicatis, bracteis suffulcientibus conspicuis confertis latissime ovato-deltoïdeis 3–4 mm. longis breviter acutis submembranaceis dorso conspicue adpresse cinereo-pubescentibus. *Flos* ♂ 4 mm. longus (stipite 1·5 mm. longo incluso); sepala glabra, deltoïdea; petala rhombico-ovata, acuminata, 1 mm. longa; filamenta brevissima; antherae ovoïdeae, introrsae, 1 mm. longae. *Flos* ♀ 5 mm. longus, turbinatus; calyx inferne valde pentagonus, glaber, carnoso-coriaceus, cremeo-albus (teste collectore), siccitate brunnescens, sepalis ovato-deltoïdeis; petala spatulata, 2 mm. longa, acuta, glabra; discus membranaceus, utriculiformis, ovarium fere omnino includens; ovarium subglobosum, 1·5 mm. diametro, glabrum; styli 3, breviter connati, divaricati, fere 2 mm. longi. *Capsula* matura non visa, immatura 1–1·5 cm. diametro, 7–9 mm. longa, tricocca, glabra, stipite 7–9 mm. longo suffulta, seminibus ut videtur abortis.

TERRITORY OF NEW GUINEA. Morobe District: Bumbu Logging Area, lat. 6°45′ S., long. 147° E., alt. 60 m., 1 Sept. 1961, *Henty* NGF 13673:—Tree 6 m., d.b.h. 20 cm., bark smooth, grey-green, slightly pustular, thin; blaze straw; leaves dark green above, pale grey-green below; flowers creamy white. Bumaiyum Creek, Buimo, lat. 6°45′ S., long. 147° E., 23 Aug. 1963, *Millar & van Royen* NGF 15882:—Tree, no milky juice; height 22·5 m.; leaves dark green above, grey below; inflorescence erect, flowers not seen; fruit [very young] yellow. Bumbu Logging Area, lat. 6°45′ S., long. 147°5′ E., rain-forest,

4

alt. 60 m., 29 Aug. 1963, *Henty* NGF 16676:—Tree, height 10·5 m., d.b.h. 20 cm.; bark smooth, grey; under-bark green; inner bark dark straw; wood light creamy straw-coloured; leaves dark green, glossy above, greyish green below; fruit yellowish green with a russet tinge at maturity. Bumbu River, rain-forest on river bank, lat. 6°45' S., long. 142° E., alt. 30 m., 5 Sept. 1963, *Henty* NGF 16685 (type, K):—Tree, height 12 m., d.b.h. 22 cm.; bark grey, smooth, under-bark green, inner bark pinkish brown; wood straw; leaves bright mid-green above, greyish green below; flowers creamy white. Bumaiyum Creek, Buime, lat. 6°45' S., long. 147° E., rain-forest, alt. 15 m., 9 Nov. 1963, *Millar* NGF 18824:—Medium tree; leaves dark green on top, paler cream [?] below; fruit creamy yellow. Bewapi Creek, lat. 6°40' S., long. 146°55' E., creek bank, alt. 30 m., 27 Aug. 1965, *Henty* NGF 20973:— Tree, height 12 m., d.b.h. 20 cm., bark grey-brown, inner brown; wood dark straw, hard; leaves dark green above, pale grey-green below; flowers white. *Ibid.*, 27 Aug. 1965, *Henty* NGF 20972:—Tree, height 6 m.; bark grey; fruit green, tinged russet.

This is one of the most striking species of the genus, almost certainly related to *C. bracteosus* Jabl., a rare species of the Malay Peninsula, still incompletely known. It is strange that no mature capsules are represented among the seven collections of *C. insignis* so far to hand. The collectors of *Millar & van Royen* NGF 15882 note that the inflorescences stand erect along the (presumably) spreading branches, which must produce a very characteristic affect.

H. K. AIRY SHAW

FIG. 1, leaf and young infructescence, × $\frac{2}{3}$; 2, portion of twig, showing erect inflorescences, × $\frac{2}{3}$ (this figure should be rotated through 90° in a clock-wise direction); 3, male flower, × 8; 4, male flower, with nearer sepals and petals removed, × 8; 5, female flower, with one sepal removed, showing disk, × 14. All from *Henty* NGF 16685.

3711

M·G

CROTON COLOBOCARPUS *Airy Shaw*

Tribus CROTONEAE

Croton colobocarpus *Airy Shaw* in Kew Bull. 23: 76 (1969) & 26: 245 (1972), *C. nano* Gagnep. ut videtur affinis, a quo (e descr.) caule breviter puberulo, foliis sub tempore florendi multo majoribus (usque 6·5 cm. longis) apicem versus brevissime serrulatis, floribus ♂ usque 9, antheris oblongis differt.

Suffrutex pyrophyticus, e caudice verticali multicipite exortus, pilis stellatis lepidotis omnino carens; caules erecti, simplices, 6–10 cm. (vel ultra) alti, 1 mm. crassi, novellis patentim puberulis. *Folia* anguste spatulato-oblanceolata vel anguste elliptico-oblonga, serius breviter obovato-oblanceolata, 2–6·5 cm. longa, 5–10 mm. lata, basi longe cuneato-attenuata, apice acuta usque rotundata, margine inferne integro superne breviter vel distincte serrulato, firme herbacea vel subchartacea, glabra, sub lente granulosa, strictiuscule adscendentia, subtus paullo supra basin glandulis 2 minimis disciformibus submarginalibus ornata; costa gracilis, utrinque prominula; nervi basales 2, ultra medium folium procurrentes, laterales 2–3-jugi, multo breviores, arcuati, omnes inconspicui; petiolus 2–3 mm. longus; stipulae minutissimae. *Inflorescentiae* in quoque caule singulae, terminales, pauci-florae, e flore 1 ♀ basali (interdum deficiente) et floribus 3–9 ♂ terminalibus plerumque sistentes, rhachi gracili puberula vel glabra parte ♂ saepe longe ultra florem ♀ producta. *Flores* ♂ pedicellis filiformibus 2–6 mm. longis glabris suffulti. *Sepala* 5, oblongo-elliptica, 3 mm. longa, 1·5–2 mm. lata, subacuta, apice crispule pilosula, ceterum glabra. *Petala* 5, anguste oblongo-elliptica, 3 mm. longa, 1 mm. lata, obtusiuscula, apice et margine crispule pilosa. *Discus* humilis, sinuatus, receptaculo adnatus. *Stamina* 18–20, filamentis 3 mm. longis inferne longe pilosis, antheris oblongis curvatis basifixis. *Flos* ♀ pedicello robustiore 3–5 mm. longo glabro suffultus. *Sepala* 5, lanceolata, 8–9 mm. longa, 2–4 mm. lata, acutiuscula, remotiuscule crenato-serrata, glabra. *Petala* 0 vel vestigialia, raro 1–2 fere normalia (ut in flore ♂). *Stamina* 0, raro 1–2. *Ovarium* breviter obovoïdeum, 3 mm. longum et latum, glabrum, obtuse triquetrum, apice insigniter abrupte truncatum et radiatim 6-sulcatum, margine prominenter carinatum. *Styli* (tota longitudine) 3 mm. longi, basi in columnam 1–1·5 mm. longam connati, superne per 1–1·5 mm. bifidi, ramis linearibus simplicibus recurvis. *Capsula* (fere matura) 4–5 mm. longa, 6–7 mm. diametro, tricocca, laevis, apice conspicue convexo-truncata et 6-sulcata et prominentissime marginata, margine apicali cujusque cocci in cornicula 2 brevia horizontalia producto; semina non visa.

THAILAND (SIAM). North-Eastern Region: Udawn Circle; Wanawn, Sakon, common in open grassy ground, alt. 200 m., 17 Feb. 1924, *Kerr* 8479 (type, K).

In its apically truncate and sharply flanged capsule, *C. colobocarpus* differs from all other Asiatic species of *Croton* known to me. It is also very unusual in the apparently total absence of stellate hairs. From description, the relationship seems to be with the Indo-Chinese *C. nanus* Gagnep. and *C. salicifolius* Gagnep., neither of which is represented at Kew, but which share with *C. colobocarpus*, among other things, the further unusual character of a rather long stylar column.

The grassy country of North-East Siam in which *C. colobocarpus* was collected yielded a further new species of *Croton, C. kerrii* Airy Shaw (*l.c.*: 71), as well as two or three undescribed species of *Sauropus* (*S. heteroblastus* Airy Shaw, *l.c.*: 48, *S. granulosus* Airy Shaw, *l.c.*: 53, etc.), which suggests that this part of Siam may be a floristically rich area that would repay further investigation, although it is realised that this might well be fraught with many practical difficulties at the present day.

H. K. AIRY SHAW

FIG. 1, habit, *natural size*; 2, male flower, × 8; 3, male flower, longitudinal section, × 8; 4, female flower (apetalous example), × 6; 5, capsule from above, × 3. All from *Kerr* 8479.

3712

TABULA 3713

ANNESIJOA NOVOGUINEËNSIS
Pax & Hoffm.

Tribus JATROPHEAE

Annesijoa novoguineënsis *Pax & Hoffm.* in Engl., Pflanzenr. IV. 147. xiv
(Euph.-Addit. iv): 9 (1919) & in Engl. & Harms, Pflanzenf. ed. 2, 19c: 101
(1931); Airy Shaw in Kew Bull. 14: 363 (1960), *in clavi*, & 16: 345 (1963), &
in Hook. Ic. Pl. 37: sub t.3632, p. 3, *in obs.* (1967).

Arbor usque 25 m. alta, glaberrima (ovario et capsula interdum exceptis),
monoeca, ramulis usque 6 mm. crassis sulcatis vel rugulosis siccitate fuscis.
Folia alterna, digitatim 3–5-foliolata, petiolo 2–14 cm. longo 1–3 mm. crasso
laevi apice glandulis binis ovoïdeis vel cylindricis prominentibus 1–2 mm.
longis cito caducis ornato. *Foliola* elliptica vel oblongo-elliptica, 5–15(–18)
cm. longa, 2–8 cm. lata, basi in petiolulum 0·5–2 cm. longum attenuata, interdum asymmetrica, apice breviter angustata vel brevissime caudato-acuminata,
ipso apice obtuso, margine integro vel interdum levissime sed distincte denti-
culato-serrulato, chartacea vel vix coriacea, siccitate supra plumbea, laevia,
vix nitidula, subtus brunnea, obscura; costa subtus prominens, supra prominula; nervi laterales 10–13-jugi, graciles, patuli, inconspicue anastomosantes,
supra parum prominuli, subtus prominenter elevati; nervi minores subtus
elevato-reticulati. *Stipulae* haud certe visae, forsan ad lineam transversam
elevatam (cicatricem simulantem) redactae. *Inflorescentiae* ex axillis sub-
distalibus exortae, subpyramidaliter thyrsoïdeae, usque 18 cm. longae, minute
bracteatae, inferne plerumque breviter vel longe nudae, floribus masculis
numerosis femineis paucissimis saepe subterminalibus. *Flos* ♂ pedicello
gracillimo 8–12 mm. longo suffultus; calyx campanulato-cupularis, 2–3 mm.
longus, breviter 5-lobus, lobis rotundatis interdum breviter bilobulatis;
petala late vel anguste spatulata, contorta vel rarius imbricata, 5–16 mm.
longa, 3–4 mm. lata, apice rotundata, alba, marginibus saepe crispulis; disci
glandulae 5, clavatae, 1–1·25 mm. longae, siccitate pallidae; stamina 15–25,
exteriora 3 mm. interiora usque 7 mm. longa, interiora in fasciculum laxum
varie connata, erecta, filamentis rigidulis, antheris parvis subglobosis saepe
subnutantibus. *Flos* ♀ pedicello robustiore usque 17 mm. longo suffultus;
calyx masculo similis, sed paullo major; petala simillima; disci glandulae
minimae, vix 0·5 mm. longae; ovarium ovoïdeum vel subglobosum, 3 mm.
longum et latum, dense adpresse pilosum vel interdum glabrum, triloculare,
in stylos 3 brevissimos stigmata oblique peltata vel biloba 1·5 mm. gerentes
desinens. *Capsula* longe pedunculata, tricocca, 2–2·5 cm. longa, 2·5–3·5 cm.
lata, interdum brevissime rostrata, laevis, glabrescens, matura fusco-brunnea
vel nigra, endocarpio lignoso usque 3 mm. crasso; semina obtuse triquetro-
globosa (interdum subtetraquetra), dorsaliter visa rotundato-quadrata, 11–12
mm. lata, 8–9 mm. crassa, laevia, nitidula, fusco-brunnea, haud marmorata.

TERRITORY OF NEW GUINEA. Sepik District: Kaiserin Augusta Fluss [Sepik R.] Expedition, Malu main camp, in dense primary forest with little undergrowth, 150–200 m., March-June 1912, *Ledermann* 10873 (type; not seen).— Eastern Highlands District: Kassam, one example in *Castanopsis*-oak forest, alt. 1370 m., 31 Oct. 1959, *Brass* 32333:—Minor canopy tree 25 m. tall, 0·4 m. diameter; monoecious; young leaves red; flowers white, produced in great abundance and the males predominating. *Ibid.*, common in one small area in *Castanopsis*-oak forest, alt. 1370 m., 4 Nov. 1959, *Brass* 32407:—Minor canopy tree up to 24 × 0·4 m.; sap mucilaginous; leaves 3-, occasionally 4–5-foliate; flowers white, produced in great abundance; young leaves reddish brown; fruits not seen.

PAPUA. Western District: Oroville Camp, Fly River (48 km. above D'Albertis Junction), in rain-forest canopy layer, Aug. 1936, *Brass* 7430:—Fls. white. Near Ingambit village, lat. 5°38′ S., long. 141° E., forest on undulating country, alt. 144 m., 8 June 1967, *Henty, Ridsdale & Galore* NGF 31831:—Tree with narrow buttresses to 120 cm.; straight cylindrical bole, dense crown; height 21 m., bole 12 m., d.b.h. 50 cm.; bark grey-brown, smooth; under-bark dark red, inner red-brown, 10 mm. thick; red sticky exudate from cambium; wood white; leaves dark green above, light green beneath; young inflorescences creamy-white; ripe fruit dark brown. Ingembit, Kiunga subdistr., lat. 5°38′ S., long. 141° E., mature ridge forest, alt. 120 m., 4 July 1967, *Ridsdale & Galore* NGF 33346:—Tree, height 25 m., bole 18 m., d.b.h. 62 cm; bark smooth, grey-brown, inner bark and under-bark wine red, 12 mm. thick; wood pink; fruit green, turning black. Kiunga, Kiunga subdistr., lat. 6°7′ S., long. 141°17′ E., low ridge mixed forest, alt. 60 m., 20 July 1967, *Ridsdale & Galore* NGF 33424:—Tree, height 21 m., bole 16·5 m., d.b.h. 62 cm.; bark smooth, grey; inner bark red-brown; wood cream.—Central District: Ilolo, lat. 9°25′ S., long. 147°25′ E., lower montane rain-forest, alt. 720 m., 3 Feb. 1966, *Streimann & Kairo* NGF 26183:—Straight-boled tree, height 18 m., bole 12 m., d.b.h. 25 cm.; bark dark grey, middle bark mottled red and cream, inner lighter red; wood cream, moderately hard and heavy; leaves green above, light green below; fruit [young] light green.

The monotypic genus *Annesijoa* is certainly related to the small Brazilian genus *Joannesia* Vell., but Pax & Hoffman's suggestion that it might be better merged with the latter is unnecessary, as I have previously remarked (Kew Bull. 16: 346 (1963)). The more obvious points in which *Joannesia* differs from *Annesijoa* are in its fine grey pubescence, the conspicuous bracts of the inflorescence, the truncate, very shortly dentate calyx, the few (7–10) stamens, the bilocular ovary and the drupaceous fruit. Some remarks on the composition of the tribe *Jatropheae*, and on the distribution of certain characters among the constituent genera, will be found in the reference to Hooker's *Icones Plantarum* were cited above.

The altitudinal range (60–1370 m.) of this tree is considerable, and it seems to show no obvious ecological preferences. It is therefore strange that its distribution should be so restricted.   H. K. AIRY SHAW

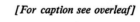

[For caption see overleaf]

FIG. 1, flowering branch, with trifoliolate leaves, × $\frac{2}{3}$; 2, a 5-foliolate leaf, × $\frac{2}{3}$; 3, male flower, × 3; 4, male flower, with part of perianth removed, showing disk-glands and stamens, × 6; 5, female flower, after fertilisation (the calyx detached and slipping down the pedicel, the petals already fallen), showing disk-glands and developing ovary, × 3; 6, capsule, × $\frac{2}{3}$. 1, 3 & 4 from *Brass* 32407; 2 & 5 from *Ridsdale & Galore* NGF 33424; 6 from *Ridsdale & Galore* NGF 33346.

3713

TABULA 3714
CLAOXYLON CORIACEO-LANATUM *Airy Shaw*
Tribus ACALYPHEAE. Subtribus MERCURIALINAE

Claoxylon coriaceo-lanatum *Airy Shaw* in Kew Bull. 20: 37 (1966) & 20: 378–9, *in obs.* (1968), species insignis, foliis rigide coriaceis subtus densissime persistenter ochraceo-intertexto-tomentosis, racemis ♂ pro rata brevibus robustis, staminibus interdum usque 100, capsula biloculari distinctum.

Arbor usque 30 m. alta, ramis annotinis robustis rigidis 4–8 mm. crassis teretibus, ramulis hornotinis 2–3 mm. crassis conspicue striato-costulatis minute densissime fulvo- vel brunneo-tomentellis. *Folia* elliptica usque ovato-elliptica, 4–8 cm. longa, 2–4 cm. lata, basi late cuneata, apice rotundato-cuneato-angustata, brevissime (obtuse vel acute) cuspidata, margine minute vel distincte remotiuscule repando-denticulata, triente basali saepe conspicue revoluta ceterum plana, rigide coriacea, supra primum tenuiter ferrugineo-crispulo-puberula, demum glaberrima, lucidula, tactu laevissima, siccitate viridula, subtus pulchre dense breviter fulvo-tomentosa; costa valida, supra alte insculpta, subtus prominens; nervi primarii tantum 3–4-jugi, angulo acuto adscendentes, supra insculpti, minores inconspicui, laxe reticulati; petiolus usque 1 cm. longus, 1–2 mm. crassus, striatus, tomentellus; stipulae minutae, cito caducae. *Inflorescentiae* ♂ axillares, racemiformes, usque 10 cm. longae, axi robusto tomentello, bracteis minutis. *Flores* ♂ plerumque in glomerulis 3-floris exorti, pedicello 1–2 mm. longo suffulti. *Sepala* 3, valvata, late ovato-deltoïdea, 2–3 mm. longa, extra tomentella, intus glabra. *Stamina* numero varia, 40–100, 1–2 mm. longa, antherarum loculis parvis erectis, glandulis juxta-staminalibus minimis numerosis apice dense comosis. *Inflorescentiae* ♀ axillares, fere simpliciter racemosae, usque 7 cm. longae, inferne nudae, superne dissitiflorae, tomentellae, bracteis minimis, pedicellis 1(–2) mm. longis. *Sepala* 2, ovata, 1·5–2 mm. longa, tomentella. *Disci glandulae* 2, cum sepalis decussatae, ovato-triangulares, 1 mm. longae et latae, fere glabrae, ovario arcte adpressae. *Ovarium* biloculare, compresse orbiculare, 2·5 mm. longum et latum, tomentellum, stylis brevissime crasse subulatis 1 mm. longis divaricatis intus sparse laciniato-papillosis. *Capsula* dicocca, 9 mm. lata, 7 mm. longa, 6 mm. crassa, tomentella, rugosula, pedunculo + pedicello (medio articulato) 3–4 mm. longo.

TERRITORY OF NEW GUINEA. Western Highlands District: Laiagam sub-distr.; near Kepilam village, Lagaip valley, in tall forest on limestone ridge, alt. 2400 m., 1 Aug. 1960, *Hoogland & Schodde* 7272 (type, K):—Tree 30 m. tall, 13 m. bole, 50 cm. diam. at breast height, 40 cm. at 12 m.; local name (Enga language), 'tsuk'.—Southern Highlands District: Mendi subdistr.; Kaguba (Tambul to Mendi), Mt. Giluwe foothills, lat. 6°5′ S., long, 143°45′ E., regrowth beside road, alt. 2700 m., 18 Sept. 1968, *Coode & Katik* NGF 40040:—

Straight tree, narrow, long crown, height 12 m., bole 7·5 m., d.b.h. 25 cm.; bark yellow-grey, inner straw; wood pale straw; leaves glossy mid-green above, pale ginger, hairy, beneath; flowers [♂]: anthers in a cream 'ball' (spirit material); local names, 'bupano' (Tari), 'ey-ack' (Mendi). *Ibid.*, Mendi subdistr.; 5 km. from Kagaba camp site, Hagen-Mendi road, lat. 6°5′ S., long. 143°50′ E., rain-forest, alt. 2640 m., 22 Sept. 1968, *Vandenberg, Katik & Kairo* NGF 40093:—Tree, height 30 m., bole 12 m., d.b.h. 75 cm.; bark: outer light brown, inner light orange; wood straw; leaves dark green above, brown-tomentose below; flowers [♂] creamy, buds greenish. *Ibid.*, disturbed roadside forest, alt. 2790 m., 26 Sept. 1968, *Vandenberg, Katik & Kairo* NGF 39802:—Tree, height 15 m., bole 7·5 m., d.b.h. 75 cm.; bark: outer light brown, inner light orange; wood dark straw; leaves dark green, pale brown-tomentose below; flower-buds [♀] light brown-tomentose; fruit brown and tomentose.

In spite of its numerous stamens, this striking montane species is evidently related to *C. muscisilvae* Airy Shaw and *C. nubicola* Airy Shaw, of Sect. *Indica—Affinia*. It is possible that in my original description I examined a flower with an unusually high number of stamens (variously estimated at 80–90 or ± 100), since in another flower recently examined the stamens were 40–50. This tends to underline the doubtful taxonomic value of staminal number in *Claoxylon*. The recent receipt of a specimen (NGF 39802) bearing ♀ flowers and fruits has made it possible to complete the description of the species.

H. K. AIRY SHAW

FIG. 1, habit, × ⅔; 2, portion of male inflorescence, × 6; 3, male flower, longitudinal section, × 8; 4, stamens and juxtastaminal glands, × 14; 5, portion of female inflorescence, × 6; 6, female flower, with part of calyx cut away to show disk-gland, × 8; 7, ovary, transverse section, × 8. 1–4 from *Hoogland* 7272; 5–7 from *Vandenberg et al.* NGF 39802.

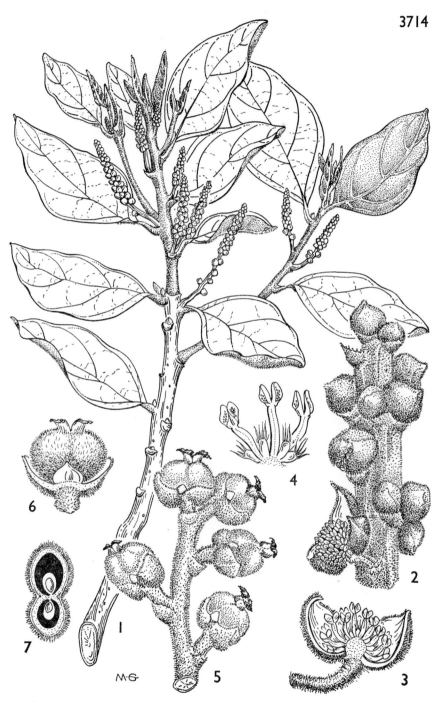

M.G

MALLOTUS SUBPELTATUS *(Bl.) Muell. Arg.*

Tribus ACALYPHEAE. Subtribus MERCURIALINAE

Mallotus (§ Oliganthi) subpeltatus *(Bl.) Muell. Arg.* in Linnaea 34: 189 (1865) & in DC., Prodr. 15(2): 968 (1866); Hook.f. in Hook.f., Fl. Brit. Ind. 5: 433 (1887); J. J. Sm. in Koord & Valet., Bijdr. No. 12 Booms. Java, in Meded. Dep. Landb. 10: 404 (1910); Pax & Hoffm. in Engl., Pflanzenr. IV. 147. vii: 177 (1914); Ridley, Fl. Malay Penins. 3: 290 (1924); Backer & Bakh.f., Fl. Java 1: 483 (1963); Airy Shaw in Kew Bull. 21: 390 (1968) & 26: 299 (1972); Whitmore, Tree Flora Malaya 2: 116 (1973).

Adisca subpeltata Bl., Bijdr.: 610 (1825).
Mappa acuminatissima Zipp. ex Span. in Linnaea 15: 349 (1841), *nom. nud.*
Rottlera subpeltata (Bl.) Baill., Ét. Gén. Euphorb.: 423 (1858); Miq., Fl. Ind. Bat. l. ii: 394 (1859).
Mappa rhynchophylla Miq., *l.c.*: 403 (1859).
Rottlera rhynchophylla (Miq.) Miq., Fl. Ind. Bat. Suppl. (Fl. Sum.): 181, 454 (1861).

Frutex vel *arbor* parva, usque 13 m. alta, laxa, laxe foliosa, ramulis teretibus laevissimis usque 3 mm. crassis tenuissime brevissime cinereo-puberulis. *Folia* alterna, plerumque elliptica, rarius oblongo-elliptica vel ovato-elliptica vel obovato-elliptica, 8–25 cm. longa, 3–10 cm. lata, basi rotundata vel subcuneato-angustata, plerumque anguste peltata vel rarius cordatula, 3(–5)-nervia, apice abrupte vel abruptiuscule rostrato-caudata, cauda gracili usque 3 cm. longa et 1–3 mm. lata plerumque apice obtusa, margine integro, chartacea, laevia, supra glabra, subtus secus costam nervosque parce vel densius patenter pilosula, granulis glandulosis omnino carentia, axillis barbatis; costa gracilis, subtus prominula, supra fere plana; nervi laterales 6–7-jugi, gracillimi, vix manifeste anastomosantes, basales plerumque acute adscendentes; nervi minores scalariformiter dispositi; petiolus gracilis, 2–10 cm. longus, 1 mm. crassus, teres, basi et apice exsiccatione plerumque conspicue contractus, minute cinereo-puberulus; stipulae caducissimae, subulatae vel lanceolatae, usque 7 mm. longae, acutae, conspicue striato-nervosae, minute puberulae; perulae stipulis simillimae, fasciculum terminalem in ramulis efformantes, acute acuminatae, saepe denticulatae. *Inflorescentiae* ♂ axillares et extra-axillares, valde abbreviatae, fere fasciculares, 1–10-florae, dense griseo-tomentellae (sepalis intus exceptis), pedicellis conspicue articulatis 2–3 mm. longis, bracteis triangulari-oblongis plerumque obtusis. *Flos* ♂ expansus in genere majusculus, 10 mm. vel ultra diametro. *Sepala* 3–4, late ovata, 5–6 mm. longa. *Stamina* numerosissima, 200–250, filamentis 3–4 mm. longis glabris, antheris parvis breviter ellipsoïdeis, connectivo saepe breviter producto. *Inflorescentiae* ♀ plerumque ad florem singulum redactae, axi 3–6 mm. longa dense cinereo-puberula bracteas paucas steriles plerumque gerente, pedicello 2 mm. longo. *Sepala* 5–9, lineari-subulata, 7–9 mm. longa, extra et intus cinereo-tomentella. *Ovarium* 3-loculare, echinis mollibus puberulis usque 2 mm. longis dense tectum, echinis etiam pilos conspicuos vitrinos longiores subsetosos gerentibus; styli 3, longissimi, usque 1·7 cm. longi, sinuosi, extra puberuli, intus valde papillosi. *Capsula* trilocularis, obtuse tricocca, usque 2·5 cm. diametro et 1·5 cm. alta, dense minute griseo-tomentella, echinis rigidulis acutis usque 5 mm. longis parcissime vitrino-setulosis, forsan tarde dehiscens. *Semina* globosa, 9–10 mm. diametro, laevia, brunnea, obscure marmorata.

LOWER BURMA. South Tenasserim District: Thebyu chaung, alt. 60 m., 7 Feb. 1926, *Parkinson* 1678:—A small tree 9–12 m. high; flowers [♂] greenish.

THAILAND (SIAM). Peninsular Region: Puket Circle; Outong, Trang, alt. 100 m., 21 March 1915, *Vanpruk* 639:—Small tree; fl. on older branches. Kraburi, Ranawng, evergreen forest, alt. 50 m., 25 Dec. 1928, *Kerr* 16352:— Small tree 6 m. high. Tambon Kao Panom, Krabi, evergreen forest, alt. 100 m., 25 March 1930, *Kerr* 18659:—Tree 12 m. high. Trang, common in evergreen jungle, under 100 m. alt., 30 Aug. 1955, *Smitinand* 3031 (Roy. For. Dept. 17898):—Shrubby tree, 4 m. tall; frs. solitary, picked up beneath; local name 'slawd'. Khao Nam, Ron near Ranong, wet evergreen forest, alt. at most 250 m., 3 May 1968, *Beusekom & Phengklai* 533:—Ramiflorous treelet 5 m. tall; fls. [♂] white.—Nakawn Sritamarat Circle; Ban Pa Prek, Tung Song, in evergreen forest, alt. . . . , 24 July 1929, *Rabil* 185:—Tree; local name, 'han ton'. *Ibid.*, *sine loc. exact.*, common in evergreen forest, alt. . . . , 24 Feb. 1958, *Thaworn* 583 (Roy. For. Dept. 17360):—Tree, 10 m. tall; fls. [♂] yellow.— Pattani Circle; Banang Sta, evergreen forest, alt. 200 m., 28 Aug. 1923, *Kerr* 7692:—Shrub about 1·5 m. high. Banang Sta, lat. 6°17′ N., hill slope, alt. . . . , 14 June 1930, *Kiah* 24324:—4·5–6 m. tall; fruit green. Chawng, lat. 7°35· N., hill slope, alt. . . . , 24 June 1960, *Kiah* 24385:—4·5–6 m. tall; fruit green.

MALAYA. Kedah: Lankawi Is., Burau Bay, April 1911, *Ridley* 15792.— Penang: *sine loc. exact.*, 1835, *Porter* in *Wallich* 7755. West Hill, April 1888, *Curtis* 1557:—Large shrub or small tree. Waterfall Gardens Forest, lowland, 2 March 1965, *Hardial & Samsuri* 194:—Leaves alternate with a cuspidate tip; fruits [young] tiny, less than 6 mm. in diameter.—Perak: *sine loc. exact.*, 1886, *Scortechini* 1723. Gopeng, Kinta C.P., open jungle, hilly locality, alt. 150–240 m., July 1883, *King's Collector* 4509:—A tree, spreading branches, 9–12 m. high, stem 25–37 cm. diam.; leaves light green; fruit bluish green.— S.E. Kelantan: S. Lebir, 3 km. W. from K. Aring, disturbed forest on ridge top, 13 Sept. 1967, *Whitmore* FRI 4351:—Small tree, height 6 m.; crown bushy, spreading; fruits green, on twigs behind leaves, splitting into 6 parts.— Pahang: Tahan, 1891, *Ridley* 2298. Ulu S. Krau, NE Gunong Benom, logged forest, alt. 240 m., 1 March 1967, *Whitmore* FRI 3136:—Bushy tree. NE. G. Benom, Ulu S. Krau, forested hillside near river, alt. 240 m., 22 March 1967, *Whitmore* FRI 3354:—Small tree; native name (Temiar), 'tapin'. G. Benom

3

Game Reserve, Ulu Krau, primary forest, hillside, alt. 420 m., 23 April 1967, *Yusoff* KEP 99150:—Tree, height, 10·5 m., girth 37 cm.; bark smooth, grey, outer bark soft, inner bark pink, fibrous; flower [v. young ♂?] yellow. G. Benom, NE. Ulu Sg. Krau, primary forest, hillside, alt. 270 m., 12 July 1967, *Chelliah* KEP 104393:—Tree, height 13·5 m., girth 60 cm.; bark smooth, grey, white, outer bark brittle, inner bark white, mottled, sapwood white; fruit green. Ulu Cheka, disturbed forest, alt. . . ., 13 June 1968, *T. & P.* 104 (Fl. Malaya 2704):—Tree, 2·7 m., 6 cm. diam., bark grey, young twigs glaucous; stipules very caducous; leaves narrowly peltate, bright green above, paler beneath; fruit 2 cm. across, set with soft sparse bristles.—Selangor: Gua Batu, July 1897, *Ridley* 8525. Federal Hills, Kuala Lumpur, 13 Jan. 1919, *Hashim* C.F. 2937. Sungei Buluk, 14 Dec. 1920, *Ridley* s.n. Sungei Buloh Forest Reserve, flat land, alt. 30 m., 21 Dec. 1946, *Wyatt-Smith* KEP 60602:—Tree, height 4·5–6 m., girth 15 cm. Sg. Menyala Forest Reserve, P. Dickson, alt. . . ., 27 July 1953, *Sow & Lindong* KEP 66527:—Shrub 2 m; fruit green, 3-ridged and hairy.—Malacca: *Sine loc. exact.*, n.d., *Griffith* (Kew Distr.) 4759 and *s.n.* Ibid., 23 Jan. 1867, *Maingay* 1883 (Kew Distr. 1410). 14th mile Sungei Udang Forest Reserve, by path in forest, alt. . . ., 4 April 1955, *Sinclair* S.F. 40575:—Bark smooth, grey; perianth and ovary green; 3 styles, greenish-yellow; leaves dark glossy green above, pale green beneath.

SUMATRA. Prov. Palembang, reg. sylvatica, *Teysmann* s.n. (isotype of *Mappa rhynchophylla* Miq. ?). Palembang: Tjaban Forest Reserve, near Muara Enim, alt. 20 m., Feb. 1954, *Kostermans* 12001. Atjeh Govt.: Gaju & Alas Lands, Gadjah via Dreng to Pendeng, thicket, alt. 600 m., 16 Feb. 1937, *van Steenis* 8847.—Tree; fruit like green *Nephelium*!

JAVA. Prov. Batavia, 1896, *Koorders* 30974β.

As I have explained in previous notes (*ll. cc. supra*), *Mallotus subpeltatus* is a species without close relatives in the genus. It was unaccountably associated by Pax & Hoffmann (*l.c.*) with the totally different *M. griffithianus* (Muell. Arg.) Hook. f., a species which is certainly referable to Sect. *Hancea* (cf. note in Kew Bull. 21 : 389 (1968)). A special monotypic section *Oliganthi* has therefore been established for *M. subpeltatus* (*l.c.*: 390). It is hoped that the accompanying illustration may help to bring out the distinctive features of this isolated species.

The glassy setae on the spines of the ovary and fruit are curiously reminiscent of the very similar trichomes found on the fruits of an isolated species of *Macaranga*, *M. trichocarpa* (Reichb. f. & Zoll.) Muell. Arg., which are described by Ridley as irritant. Cf. note in Kew Bull. 23: 96–7 (1969).

H. K. AIRY SHAW

[For caption see overleaf]

FIG. 1, portion of male flowering branch, × $\frac{2}{3}$; 2, portion of female flowering branch, × $\frac{2}{3}$; 3, male flower, obliquely from below, × 3; 4, ditto, from above, × 3; 5, female inflorescence, showing sterile bracts, × 3; 6, capsule, × 3. 1, 3 & 4 from *Scortechini* 1723; 2 & 5 from *Sinclair* S.F. 40575; 6 from *King's Collector* 4509.

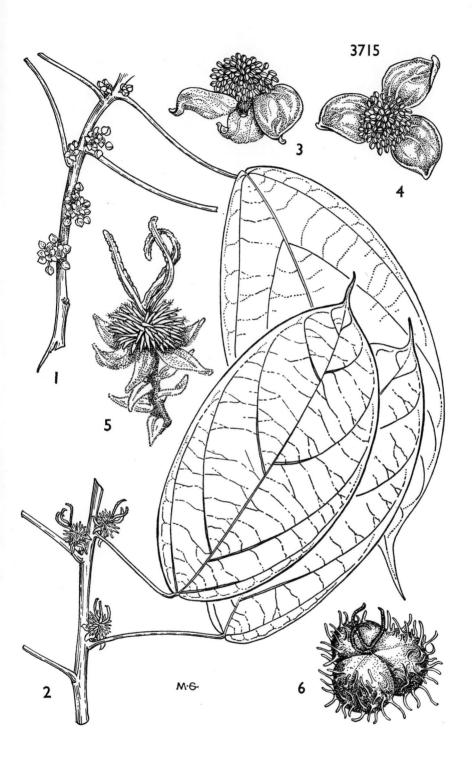

3715

TABULA 3716

OCTOSPERMUM PLEIOGYNUM (*Pax & Hoffm.*)
Airy Shaw

Tribus ACALYPHEAE. Subtribus MERCURIALINAE

Octospermum pleiogynum (*Pax & Hoffm.*) *Airy Shaw* in Kew Bull. 19: 312 (1965), species unica.

Mallotus (§ *Pleiogyni*) *pleiogynus* Pax & Hoffm. in Engl. Pflanzenr. IV. 147. vii: 187 (1914).

Arbor usque 36 m. alta, ramulis fulvo-tomentellis. *Folia* late ovata vel elliptica vel subrhomboïdea, usque 24 × 16 cm., basi rotundata vel truncata vel late cuneata, trinervia, minute peltata atque ima basi supra glandulis macularibus conspicuis excavatis 2(–4) arcte juxtapositis notata, apice breviter (usque 1·5 cm.) abrupte caudata vel tantum acuta, margine subintegro, chartacea, supra tenuiter fasciculato- vel substellato-pilosa, pilis simplicibus interspersis, siccitate viridula vel fusca, obscura, subtus dense fulvo-inter-texto-fasciculato-velutina, siccitate viridula, glandulis granularibus vel potius lepidiformibus paucissimis instructa; costa gracilis, subtus prominens, supra prominula; nervi primarii (basalibus inclusis) 6–8-jugi, plerumque acute adscendentes, paralleli; nervi secundarii scalariformiter dispositi; petiolus teres, elongatus, 5–12 cm. longus, 1–3 mm. crassus, fulvo-velutinus; stipulae non visae, ut videtur obsoletae. *Inflorescentiae* ♂ anguste elongate racemosae vel fere spicatae, ex axillis distalibus plerumque per paria super-posita (seriatim) exortae, usque 17 cm. longae, dense brevissime ochraceo-tomentellae, fere usque ad basin multiflorae, pedicellis subnullis usque vix 2 mm. longis. *Flos* ♂ expansus 2–3 mm. diametro; sepala 3–4, valvata, acuta, tomentella; stamina 15–20, receptaculo elevato affixa, massam subglobosam efformantia, filamentis brevibus crassiusculis, connectivo late peltato-expanso, thecis discretis faciei inferiori connectivi affixis. *Inflorescentia* ♀ robustior, multo brevior, petiolum suffulcientem subaequans, laxe pauciflora, fulvo-tomentella; sepala 4–6, lanceolata, valvata, extra tomentella, intus glabra, sub anthesi revoluta; discus hypogynus nullus; ovarium ovoïdeum vel sub-globosum, dense granulari-glandulosum, ceterum glabrum, 8–9-loculare; styli 8–9, fere liberi, subulati, simplices, grosse papilloso-laciniati, primum ovario accumbentes, demum adscendenti-patentes. *Fructus* magnus, baccatus, ovoïdeus, breviter rostratus, demum depresse globosus, 1·5–2 cm. diametro, pericarpio coriaceo-carnoso strato granulari-glanduloso aurantiaco vel lateritio obducto, siccitate (an statu vivo?) valde octangularis vel octo-costatus. *Semina* 8–9, irregulariter lenticularia, 5 mm. diametro, 3 mm. crassa, margine acuto, subnitentia, testa leviter rugulosa.

WEST NEW GUINEA. Vogelkop: Manokwari, Dessa: Ransiki (Warsui), clayey flat country, primary forest, alt. 10 m., 17 July 1948, *Kostermans* 9 (bb. 33.257). *Ibid.*, Ransiki (Sentosa), flat clayey ground, primary forest, a few specimens together, alt. 5 m., 30 July 1948, *Kostermans* 96 (bb. 33329):— Tree 23 m. high; young fruit pale yellow, mature dark yellow. *Ibid.*, Momi, fairly common on flat clayey ground, primary forest, alt. 20 m., 21 Aug. 1948, *Kostermans* 287 (bb. 33479):—Tree 25 m. high; flower [♂] yellow, flower-bud pale green; native name 'm'brèrehie'. *Ibid.*, Prafi, primary forest, alt. 100–140 m., 13 Feb. 1954, *Koster* BW. 307:—Tree 32 m. high, 39 cm. diam.; fruits orange. *Ibid.*, Oransbari, rather common in secondary forest, alt. . . ., 7 April 1955, *Brouwer* BW. 2634:—Tree 28 m. high, 40 cm. diam. Warsamson Valley, E. of Sorong, rather common in primary forest, alt. 50 m., 8 Aug. 1961, *Schram* BW. 12446:—Tree 33 m. high, bole 22 m., d.b.h. 50 cm.; native name (Mooi language) 'sinaroe'.—Division Fak-Fak: Adi Island, rather scarce in primary forest on limestone, alt. 75 m., 15 March 1961, *Iwanggin* BW. 10124:— Tree 29 m. high, bole 19 m., d.b.h. 40 cm.; not buttressed; fruits orange; native name (Biak language), 'manggafafin'.—Division Hollandia: mouth of the Tami, rather common in primary forest, alt. 15 m., 22 March 1956, *Schram* BW. 2709:—Tree, height 30 m., diam. 50 cm.; flowers [♀] yellow with 9 stamens [sic!], fruit yellow.

Territory of New Guinea. Second Augusta-Station [Sepik R.], 1887, *Hollrung* 782 (type).

Papua. Kokoda, forest, alt. 360 m., 15 April 1936, *Carr* 16400:—Tree 30 m. tall. Northern Div.: 8 km. N. of Saiho along Divinikoari road, in tall regrowth, alt. 100 m., 4 Aug. 1953, *Hoogland & Macdonald* 3494:—Tree 20 m. high, 10 m. bole, 45 cm. diam.; bark grey-red; fruits yellow to orange, creamy underneath indumentum.

Octospermum is closely related to *Mallotus*, especially to the sections *Rottlera* (*Philippenses*) and *Rottleropsis* (*Echinocroton*, *Plagianthera*), but differs in the pleiomery of the gynoecium, the toughly fleshly, indehiscent fruit, and the lenticular, sharp-edged, radially arranged seeds. The height attained by the tree, 36 m., is considerably in excess of that reached by most species of *Mallotus*.

H. K. Airy Shaw

Fig. 1, male flowering branch, × ⅔; 2, portion of male inflorescence, × 6; 3, male flower, showing peltate connectives, × 10; 4, male flower, part of calyx and stamens removed, showing stamens in lateral view, × 10; 5, stamen, showing attachment of anther-thecae, × 20; 6, female flower, one sepal removed, showing ovary and styles, × 8; 7, branchlet with young infructescences, × ⅔; 8, fruit, *natural size*. 1–5 from *Kostermans* 287; 6 & 7 from *Hoogland* 4522; 8 from *Kostermans* 33329.

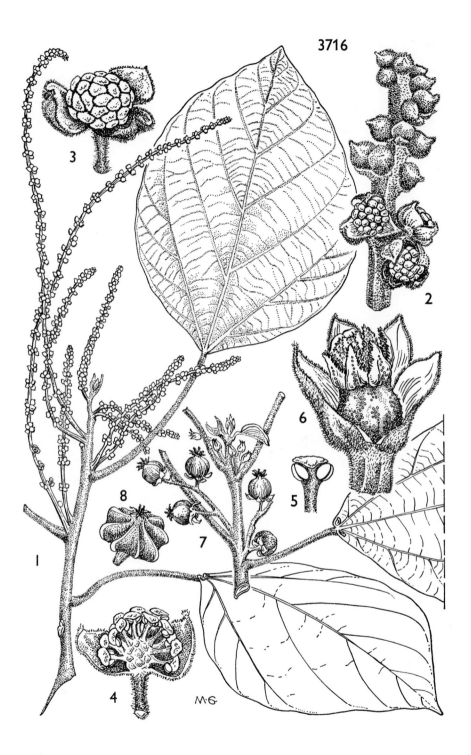

3716

SAMPANTAEA AMENTIFLORA (*Airy Shaw*)

Airy Shaw

Tribus ACALYPHEAE. Subtribus MERCURIALINAE

Sampantaea amentiflora (*Airy Shaw*) *Airy Shaw* in Kew Bull. 26: 328 (1971). Species unica.

Alchornea amentiflora Airy Shaw in Kew Bull. 20: 45 (1966) & 21: 400 (1968) & 25: 528 (1971).

Arbor parva, gracilis, vel frutex erectus (interdum ± scandens), 5–6 m. alta, trunco ramulis brevibus foliosis obsito, ramulis nodulosis lenticellosis parce pilosis demum glabrescentibus. *Folia* elliptica usque oblanceolata, magnitudine varia, 4–21 × 2–7 cm., basi ± cuneata, in petiolum sensim vel abrupte angustata, apice sensim angustata vel interdum rotundata, ipso apice obtusiusculo vel mucronato, margine integro vel obscure sinuato angustissime brunneo-marginato, chartacea, siccitate viridia, supra glaberrima, subtus axillis nervorum brevissime pilosis atque pilis raris adpressis secus costam exceptis etiam glabra, basi prope costam utroque latere glandulis 1–3 parvis disciformibus fusco-brunneis plerumque notata; costa modice gracilis, utrinque ± prominens; nervi primarii 9–13-jugi, patuli; nervi secundarii inter primarios transverse dispositi; petiolus 2–8 mm. longus, parce pilosulus; stipulae subulatae, usque 6 mm. longae, acutissimae, breviter adpresse pilosulae, caducae, cicatricibus conspicuis relictis. *Inflorescentiae* ♂ axillares vel extra-axillares, solitariae vel usque 4 fasciculatae, amentiformes, simpliciter spicatae, ± flexuoso-pendulae, usque 9 cm. longae, alabastro 3–4 mm. crassae, rhachi minute puberula. *Flores* sessiles, bractea suffulti; bractea latissime triangulari-ovata, 1·5 mm. longa et lata, membranacea, siccitate brunnea, striolata, glabra vel minute papilloso-puberula; bracteolae 2, similes sed minores, ciliolatae. *Calyx* alabastro subglobosus, 1·5 mm. diametro, apiculatus, expansus aequaliter bivalvis (raro inaequaliter trivalvis), valvis latissime ovatis 2 mm. longis glabris vel parce minute puberulis. *Stamina* 15–25, in receptaculo parvo hemisphaerico inserta; filamenta brevissima; antherae oblongae, 2 mm. longae, leviter curvatae, obtusae; glandulae nullae. *Inflorescentiae* ♀ singulae, axillares, 3 cm. longae, subcernuae, ± 8-florae, rhachi brevissime dense cinereo-puberula, floribus inferne dissitis superne approximatis. *Bractea* ovata, 2 × 1 mm., acute apiculata, dorso brevissime adpresse puberula, margine ciliolata, leviter purpurascens; bracteolae similes sed minores. *Pedicellus* 1 mm. longus, glaber. *Sepala* 5, elliptica, 2–2·5 × 1 mm., brevissime acute fusco-apiculata, ciliolata, dorso parce puberula, imbricata. *Discus* 0. *Ovarium* triloculare, 1 mm. longum, 1·5 mm. latum, puberulum. *Styli* 3, fere usque ad basin bicrures, subulati, 4 mm. longi, per totam longitudinem papillosi. *Capsula* ignota.

THAILAND (SIAM). North-Eastern Region: Udawn Circle; Phu Phan, scattered in dry evergreen forest, alt. 300 m., 2 March 1964, *Hansen, Seidenfaden & Smitinand* 11296:—Tree 5 m. tall; fls. [♀] greenish. Udawn Circle; Eastern part of Khao Yai National Park, 80 km. on the Korat–Sattahip highway, wet evergreen forest with *Corypha* and *Tetrameles*, alt. 300 m., 10 Aug. 1968, *Larsen, Santisuk & Warncke* 3261:—Tree 3–4 m. tall.—Eastern Region: Rachasima Circle; Pak Chong, Korat, in scrub jungle (secondary), alt. 300 m., 30 Dec. 1923, *Marcan* 1538:—Shrub 3 m. high; fl. [♂] green; Siamese name, 'ton sām pansā'. Rachasima Circle; Lat Bua Kao, Korat, 8 Nov. 1931, *Put* 4347 (K, holotype); *ibid.*, 10 Nov. 1931, *Put* 4384. Rachasima Circle: Nakhon Ratchasima, Pak Thong Chai, test site, scattered in evergreen forest, alt. 400 m., 19 April 1967, *Smitinand* 10349 (Fl. Thail. 37366):—Shrub 3 m. tall; flowers [♂] greenish.—Central Region: Ayuthia Circle; Dong Pyā Yen, Chaibadān, common in evergreen forest, alt. 100 m., 16 Dec. 1923, *Kerr* 8015:—Slender tree about 5 m. high with short leafy branches along the whole length of the trunk; Siamese name, 'sam pan tā'. Ayuthia Circle; Ban Nawng Bua, Saraburi, 26 Sept. 1927, *Put* 1088; Siamese name, 'sam pan ta'. Ayuthia Circle; Chai Badan, 10 Oct. 1926, *Lakshnakara* 271; Siamese name, 'sam pun tā'.—South Eastern Region: Prachinburi Circle; Sakêo, Krabin, evergreen forest, alt. 50 m., 23 Dec. 1924, *Kerr* 9747:—Slender tree 5–6 m. high, usually more or less bent over and with short leafy branches from base; Siamese name, 'sām pan tā'. Prachinburi Circle; Aran Pratet, 17 Oct. 1928, *Put* 1889.

CAMBODIA. Prov. Battambang: env. de Rosmêi Sang Ha, forêt dense, alt. ...., 14 Dec. 1965, *Vidal* 4658:—Liane; médicinal (en décoction); native name, 'pouôch'.

The genus *Sampantaea* differs from *Alchornea* Sw. (§ *Cladodes* (Lour.) Muell. Arg.) in its numerous stamens and bipartite styles, agreeing in these points with *Wetria* Baill. From the latter, however, it differs in the far fewer leaf-nerves, much shorter inflorescences, conspicuous floral bracts of the ♂ inflorescence, sessile ♂ flowers, which are solitary in the axil of each bract, with very short filaments, and in the very shortly (1 mm.) pedicelled ♀ flowers, with erect or patulous sepals which show no tendency to be reflexed. It is remarkable that so far no fruiting material has been collected, and only one specimen with female flowers.

H. K. AIRY SHAW

FIG. 1, male flowering branch, × ⅔; 2, portion of male inflorescence, × 6; 3, male flower, side view, × 10; 4, ditto, from above, × 10; 5, ditto, longitudinal section, × 10; 6, female flower, side view, one sepal removed, × 10. 1–5 from *Put* 4347; 6 from *Hansen et al.* 11296.

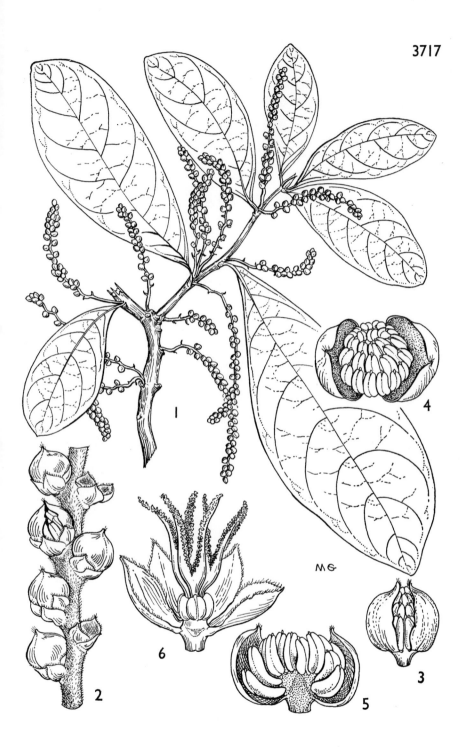

3717

MACARANGA PRAESTANS *Airy Shaw*

Tribus ACALYPHEAE. Subtribus MERCURIALINAE

Macaranga (§ Pseudo-Rottlera) praestans *Airy Shaw* in Kew Bull. 19: 318 (1965); foliis usque 36 cm. longis tenuiter caudatis, stipulis conspicue setaceis, inflorescentiis ♂ gracilibus usque 10 cm. longis setaceo-bracteatis, inflorescentiis ♀ breviter pedunculatis, stylis usque 3·5 cm. longis in sectione valde distincta.

Frutex vel *arbor* parva, 3–10 m. alta, ramulis glabris vel junioribus interdum parce laxe strigosis. *Folia* lanceolata vel rarius elliptico-lanceolata, 15–36 × 3·5–11 cm., basi late cuneata vel subrotundata et in auriculas 2 parvas 1–2 mm. longas producta, ubi etiam glandulis 2 rotundatis supra elevatis conspicue notata, apice in caudam tenuem 1·5–5 cm. longam acutissimam subabrupte attenuata, margine integro, chartacea, glaberrima; costa gracilis, subtus prominens, supra prominula, nervis primariis gracilibus 12–15-jugis late patulis arcuato-anastomosantibus pari basali margini parallelo, nervis secundariis inter primarios scalariformibus, punctis minutis fuscis glanduli-formibus saepe paucissimis in pagina inferiore prope marginem vel secus nervos dissitis; petiolus gracilis, 5–12 cm. longus, aut glaber aut pilis subsetosis aureis patentibus 2 mm. longis strigosus, basi et apice leviter pulvinatus; stipulae setaceae, usque 1 cm. longae, basi incrassatae. *Inflorescentiae* ♂ subfasciculatae, anguste spiciformes, laxae, graciles, usque 10–11 cm. longae, adscendentes, conspicue setaceo-bracteatae, rhachi minute dense griseo-puberula, florum glomerulis 2–3 mm. inter se distantibus. *Bracteae* e basi gibba late deltoïdea setaceae, 4 mm. longae, apice interdum uncinatae, glabrae vel interdum margine minute puberulae, flores ♂ 1–3 suffulcientes. *Flos* ♂ alabastro 1·5 mm. diametro. *Sepala* 3, ovata, 1·5 mm. longa, 1·25 mm. lata, glabra, dorso parce fusco-puncticulata. *Stamina* 15–20, antheris 4-locellatis. *Inflorescentiae* ♀ abbreviatae, in brevi spatio ramuli congestae, usque 1 cm. longae, 1–6-florae, puberulae, parce granulari-glandulosae, complures quasi glomerulam 2–3 cm. diametro efformantes. *Pedunculus* 2–5 mm. longus, puberulus, basi stipulis 2 longis (bracteae obsoletae pertinentibus) comitatus. *Bracteae florales* 2, oppositae, orbiculares, sub anthesi 8–10 mm. diametro, extra et intus minute puberulae, extra nervosae, intus patellari-glandulosae. *Pedicellus* 1–2 mm. longus, densiuscule pubescens. *Calyx* 2 mm. longus, usque ad dimidium 5-lobus, subglaber, segmentis deltoïdeo-acuminatis acutis erectis. *Ovarium* didymum, 2 mm. longum et latum, 1 mm. crassum, dense granulari-glandulosum. *Styli* 2, usque 3·5 cm. longi, praeter basin breviter puberulam glabri. *Infructescentia*: pedunculus usque 4 cm. longus; bracteae florales usque 2·5 cm. diametro, interdum breviter abrupte caudato-acumin-atae, valde carinato-convexae, dorso conspicue nervosae, viridi-flavae cum nervis rubro-brunneis, secus nervos plerumque longe laxe strigoso-pilosae;

6

capsula bilocularis, dicocca, coccis subglobosis 1–1·5 cm. diametro laevibus dense granulari-glandulosis; semina globosa, 8 mm. diametro, laevia, nitidula, brunnea, obscure marmorata.

SARAWAK. First Division: Near Kuching, 17 Feb. 1893, *Haviland & Hose* 3686A (SAR), 3686K (K, type):—Small tree. *Ibid.*, 29 May 1893, *Haviland* s.n. (SAR). Sine loc. vel dat., ? c.1912, *Native Collector* (for Bur. Sci. Manila) 462, 562. Lundu distr., 5 km. up-river from Lundu, in peat-swamp forest, alt. 3 m., 16 Aug. 1958, *Anderson* 6556:—Small tree, 6 m. high; fruit yellow; bracts prominent, greenish-yellow, with reddish-brown veins.—Fourth Division: Ulu Sinrok, Similajau For. Res., deep shade in primary forest on well-drained yellow sandy clay alluvium, locally semi-gregarious, alt. . . ., 27 March 1963, *Ashton* S. 16595:—Understorey tree, 4·8 m. tall, 10 cm. girth, sterile.—Division?: Temulan, 3 Aug. 1938, *Daud & Tachun* SFN 35699:— 4·5 m. tall; native name, 'buah kelabu'.

BRUNEI. No locality or collector's name, 29 March 1938, [? *Daud & Tachun*] KEP 34407. Bukit Teraja, M[ile?] 18, primary forest on yellow sandy clay hillside, tertiary sandstone anticline, alt. 120 m., 27 Sept. 1957, *Ashton* BRUN 666:—Shrub 3 m., white flowers.

Dr. P. S. Ashton, in a MS note which I published at the end of the original description of *Macaranga praestans* (*l.c.*: 320), states that this species, unlike the great majority of the genus, is not a pioneer or 'opportunist' in forest gaps or clearings, but is a true denizen of the primary forest, always occurring in deep shade. It seems possible that this may be true of most representatives of the section *Pseudo-Rottlera*, to judge by field-notes. *M. praestans* is perhaps the most outstanding species of the group.

H. K. AIRY SHAW

FIG. 1, leaf and very young female inflorescences, × ⅔; 2, male inflorescences, × ⅔; 3, portion of male inflorescence, × 10; 4, male flower from above, × 16; 5, ditto, longitudinal section, × 16; 6, stamen, × 26; 7, female inflorescence, with two flowers, showing subulate subtending bracts and paired foliaceous floral bracts, × 6; 8, female flower, with one foliaceous bract and two sepals removed, showing bilocular ovary and elongate exserted styles, × 6; 9, capsule, enclosed in foliaceous bracts, × 1½. 1, 7 & 8 from *Native Collector* 462; 2–6 from *Haviland & Hose* 3686K; 9 from *Anderson* 6556.

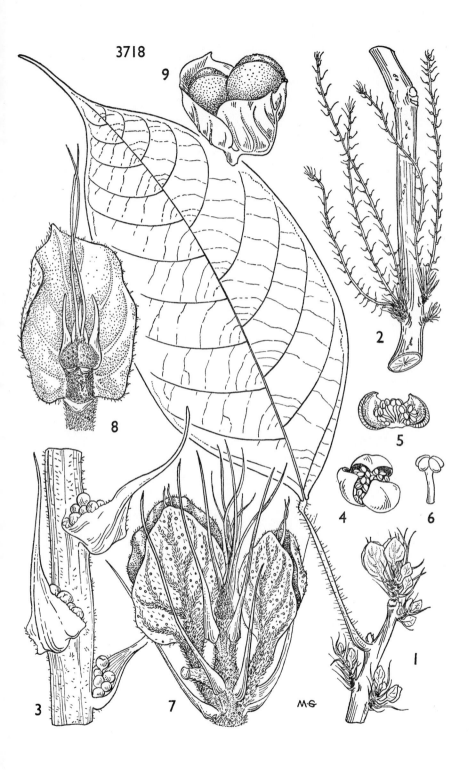

3718

ACALYPHA PHYLLONOMIFOLIA *Airy Shaw*

Tribus ACALYPHEAE. Subtribus ACALYPHINAE

Acalypha phyllonomifolia *Airy Shaw* in Kew Bull. 20: 406 (1966), affinitate incerta, inflorescentia ♂ excepta fere glabra, foliis penninerviis crebre serratis subtus lucidis crebre transverse nervulosis apice abruptiuscule longissime caudata, cauda angustissima integerrima acutissima, inflorescentiis ♂ longe pedunculatis, floribus ♀ ut videtur paucissimis subsolitariis valde distincta.

Frutex 2–3 m. altus, ramulis gracilibus teretibus, cortice atro-fusco laevi glabro. *Folia* ovata vel elliptico-oblonga vel anguste elliptica vel fere lanceo-lata, 4 × 2 usque 7 × 3·2 cm. vel 6 × 2 usque 10 × 3·2 cm., basi rotundata usque cuneata (raro fere truncata), in petiolum semper abrupte angustata, margine conspicue crebre glanduloso-serrata, apicem versus ± sensim an-gustata, dein miro modo abrupte longissime caudata, cauda 2–4 cm. longa 1–2 mm. lata integerrima vel basin versus dente raro praedita apice acutissima, chartacea, glaberrima, supra vix lucidula, subtus pallidiora manifeste lucida, supra sub lente minute dense albido-puncticulata; costa gracilis, utrinque prominula; nervi laterales gracillimi, 7–8-jugi, arcuato-adscendentes, haud anastomosantes; nervuli conspicue crebre transversi; petiolus gracilis, 1–2·2 cm. longus, glaber; stipulae ut videtur angustissime lineares, 2–3 mm. longae, cito caducae. *Inflorescentiae* (quousque visae) unisexuales. *Inflorescentiae* ♂ axillares, usque 12 cm. longae (pedunculo 1–2 cm. longo incluso), graciles, rhachi crispule puberula, pedunculo glabro, bracteis ovatis acutis ciliatis 0·5 mm. longis caducis. *Glomeruli* pluriflori, pedicellis 0·5 mm. longis medio articulatis infra articulationem puberulis superne glabris. *Sepala* 4, ovata, acuta, glabra, 0·5 mm. longa. *Stamina* 8: filamenta brevia, lata; antherarum thecae breviter tortae, divaricatae. *Inflorescentia* ♀ ut videtur valde pauciflora (unica visa statu fructifero tantum 1-flora), fructu axillari 1 mm. pedicellato. *Bractea* reniformis, capsulam amplectens, profunde laciniata, 3 mm. longa, auriculis basi imbricatis, apice caudam acutam 2 mm. longam gerente, con-spicue nervosa, glabra. *Capsula* globosa, 2–3 mm. diametro, parce strigosa.

PAPUA. Mt. Obree, alt. 2100–2400 m., 30 Aug. 1887, *Sayer* s.n. (L):—Straggling hedge-like bush, 3 m. Yodda River, secondary forest, alt. 1350 m., 23 Dec. 1935, *Carr* 13953 (type, K):—Shrub 2·1 m. tall; flowers [♂] pale yellowish. Uniri River, forest, alt. 1950 m., 18 Jan. 1936, *Carr* 15187:—Shrub 3 m. tall.

With all the collecting that has taken place in the Territory of New Guinea and Papua through the Forest Departments and others during the past 25 years, it is remarkable that this distinctive species has not been re-collected.

It is evidently a scarce or extremely local plant, and it does not seem to be clearly related to any other species. The resemblance of the leaves to those of species of the genus *Phyllonoma* Willd. ex Schult. (*Dulongiaceae*, or *Saxifragaceae* sens. lat.) is striking.

H. K. AIRY SHAW

FIG. 1, habit, × ⅔; 2, portion of male inflorescence, × 10; 3, male flower, showing articulation of pedicel and glabrous upper portion, × 16; 4, stamen with dehisced anthers, × 26; 5, capsule, one loculus fallen, with subtending bract, × 8. All from *Carr* 13953.

3719

TABULA 3720

SPATHIOSTEMON MONILIFORMIS *Airy Shaw*

Tribus ACALYPHEAE. Subtribus MERCURIALINAE

Spathiostemon moniliformis *Airy Shaw* in Kew Bull. 16: 357 (1963) & 20: 408 (1966) & 26: 341 (1972); a *S. javensi* Bl. inflorescentiis ♂ gracillimis valde elongatis (usque 20 cm. vel ultra) glaberrimis, floribus ♂ minoribus sessilibus, floribus ♀ sessilibus facillime distinguitur.

Arbor parva, monoeca, usque 10 m. alta. *Ramuli* gracillimi, 1–2·5 mm. crassi, teretes, laevissimi, internodiis elongatis. *Folia* late elliptica, rarius leviter ovato-elliptica, 10–20 × 4–8 cm., basi late cuneata, raro subrotundata, apice breviter usque longius (4 cm.) acuminata, chartacea, glaberrima, siccitate viridia; costa gracilis, utrinque prominens; nervi primarii graciles, 5–6-jugi, adscendentes, haud anastomosantes, 2 basales recti, fere marginales; nervi minores gracillimi, scalariformiter dispositi; petiolus gracillimus, 1–3 cm. longus, 0·5–1 mm. crassus, basi et praesertim apice pulvinato-geniculatus, glaber, teres, supra canaliculatus; stipulae minimae, deltoïdeae, cito caducae. *Inflorescentiae* ♂ spiciformes, gracillimae, valde elongatae, 10–25 cm. longae, per totam longitudinem floriferae, sub anthesi non visae, ante anthesin (propter alabastra globosa numerosa) monilia pendentia simulantes, glaberrimae. *Bractea* deltoïdea, 1 mm. longa, carinata, acuta, brunnea. *Bracteolae* binae, suborbiculares, vix 1 mm. diametro, imbricantes, calyculum orbicularem efformantes, margine erosulae. *Flos* ♂ sessilis. *Calyx* alabastro globosus, 1–1·5 mm. diametro, e sepalis 3 valvatis sistens, minute apiculatus, glaber, laevis, siccitate viridulus. *Stamina* (ex alabastris tantum cognita) numerosissima, in phalangibus 5–6 connata. *Inflorescentiae* ♀ abbreviatae, spicatae, 1·5–4 cm. longae, rectae, rigidulae, angulatae, glabrae, pauciflorae (longiores usque 12-florae). *Flores* minimi, 1–2 mm. longi, sessiles; sepala 3 + 3, deltoïdeo-ovata, valde imbricata, inaequalia, glabra; ovarium trilobum, laeve, glabrum; styli 3, pro rata magni, crasse brevissime subulati, erecti, stigmatibus parvis patulis e sepalis breviter protrusis. *Fructus* ignotus.

THAILAND (SIAM). South-Western Region: Rachaburi Circle; Bangtapan, 29 Dec. 1927, *Put* 1420.—Peninsular Region: Surat Circle; Ta Ngaw, Chumpawn, evergreen forest, alt. 50 m., 16 Jan. 1927, *Kerr* 11475:—Shrub 3 m. high; Siamese name, 'kat ta lai'. Ban Krut, Surat, evergreen forest, alt. 50 m., 20 Feb. 1930, *Kerr* 18162 (type, K), 18162A:—Tree 10 m. high; Siamese name, 'ka lai'. Punpin, Bang bao, common on plain in evergreen jungle, 14 Aug. 1955, *Thaworn* 389 (For. Dept. 15263):—Tree 10 m. tall; fls. greenish; Siamese name, 'kha kao'. Khao Tha Phet, common in evergreen forest, alt. 100 m., 15 March 1959, *Smitinand* 5574 (For. Dept. 2274):—Small tree 6–10 m. tall; fls. green, pendulous; Siamese name, 'khan laen'.—Puket Circle; Lam Lieng, Ranawng, evergreen forest, alt. 200 m., 2 Feb. 1927, *Kerr* 11774:—Tree 8 m.

high; Siamese name, 'kat lai'. Kanburi, Ranawng, evergreen forest, alt. 20 m., 25 Dec. 1928, *Kerr* 16347:—Small tree 8 m. high; Siamese name, 'kat lai'.

The sessile flowers (both ♂ and ♀) and very elongate ♂ inflorescences distinguish this species clearly from *S. javensis* Bl., the only other known species of the genus. It is unfortunate that the fruits of *S. moniliformis* have not yet been collected, but from the smooth condition of the very young ovary it seems possible that they may be smooth, rather than muricate as in *S. javensis*.

I refer this genus (together with *Homonoia* Lour. and *Lasiococca* Hook.f.) to the subtribe *Mercurialinae* of the *Acalypheae*, rather than to the subtribe *Ricininae*, as done by Pax & Hoffmann, because I feel convinced that there is little or no significant relationship between these genera and *Ricinus*. *Spathiostemon*, *Homonoia* and *Lasiococca* in my opinion fall clearly into the *Mercurialinae*, and are probably quite closely related to the large genus *Mallotus*. *Spathiostemon* and *Lasiococca* species have in fact more than once been actually described in *Mallotus*; cf. Kew Bull. 16: 357–8 (1963) and 20: 45 (1966). Apart from the striking character of the branched (or better, phalanged) stamens, *Ricinus* is an entirely different plant in almost every feature—habit, leaves, inflorescence, fruit, etc.—and its affinities are by no means obvious. This seems a good example of the unfortunate result of classification by means of one unusual feature, rather than by the sum total of all the available characters.

H. K. AIRY SHAW

FIG. 1, branch with male inflorescences, × ⅔; 2, portion of male inflorescence, showing arrangement of bract and bracteoles, × 8; 3, male flower, opened out to show stamens, × 14; 4, portion of female inflorescence, × 8; 5, female flower, part of sepals cut away to show ovary and styles, × 14; 6, outer sepal of female flower, × 14. All from *Kerr* 18162.

3720

TABULA 3721

TRIGONOSTEMON AURANTIACUS
(*Kurz ex Teijsm. & Binnend.*) *Boerl.*

Tribus JATROPHEAE (*s.l.*)

Trigonostemon aurantiacus (*Kurz ex Teijsm. & Binnend.*) *Boerl.*, Handl. Fl. Nederl. Ind. 3(1): 284 (1900); Pax & Hoffm. in Engl., Pflanzenr. IV. 147. iii: 93 (1911) & in Engl. & Harms, Pflanzenf. ed. 2, 19c: 170 (1931); Jablonsky in Brittonia 15: 164 (1963), *in obs.*; Airy Shaw in Kew Bull. 23: 126 (1969) & 26: 345 (1972).

Tylosepalum aurantiacum Kurz ex Teijsm. & Binnend. in Natuurk. Tijdschr. Nederl. Ind. 27: 50 (1864).
Codiaeum aurantiacum (Kurz ex Teijsm. & Binnend.) Muell. Arg. in DC., Prodr. 15(2): 1118 (1866).
Actephila aurantiaca Ridley (*pro sp. nov.*) in Bull. Misc. Inf. Kew 1923: 360 (1923) & Fl. Malay Penins. 3: 197 (1924).
Actephilopsis malayana Ridley in *ll. cc.*: 361 (1923) & 252 (1924); Hend. in Journ. Malay. Br. Roy. As. Soc. 17: 68 (1939).
Trigonostemon malayanus (Ridley) Airy Shaw in Kew Bull. 20: 413 (1966).

Frutex vel *arbor frutescens*, usque 3 m. alta, laxa, ramulis glabris vel parce adpresse puberulis, novellis adpresse ochraceo-pilosis. *Folia* forma variabilia, plerumque oblanceolata vel obovata, basi saepe longe cuneato-attenuata, usque 30 cm. longa et 12 cm. lata, sed non raro (praesertim in ramulis florigeris) elliptica vel ovata, basi rotundata, et tunc minora, subbracteiformia, 8–11 cm. longa et 4–5 cm. lata, apice abruptiuscule breviter acute caudato-acuminata, rarius ecaudata et obtusa, margine leviter denticulata vel obscure distanter crenato-serrata, chartacea, fere glabra, utrinque obscura vel vix nitidula, subtus quasi chagrinato-rugosula; costa gracilis, subtus prominens, supra prominula; nervi laterales 9–13-jugi, gracillimi, patuli, paralleli, marginem versus conspicue arcuato-anastomosantes; petiolus 0·5–2(–3) cm. longus, usque 3 mm. crassus, glaber vel parce adpresse puberulus, apice supra glandulis binis parvis (interdum obsoletis) conicis usque elongate stipitiformibus 1–3 mm. longis instructus; stipulae minutissimae vel obsoletae. *Inflorescentiae* ♂ in ramis annotinis vel vetustioribus vel in trunco gestae, aut in axillis foliorum aut in axillis aphyllis supra vel infra folia evoluta sitis, pauciflorae, fasciculiformes, bracteis minutis numerosis suffultae. *Pedicelli* tenuissimi, 5–10 mm. longi, glabri. *Sepala* 5, late elliptica, 1·5–2 mm. longa, 1–1·5 mm. lata, apice rotundata, extra sparse adpresse pilosula vel glabra, herbacea, dorso gibbositatem (glandulam?) parvam gerentia. *Petala* 5, obovato-spatulata, 4–5 mm. longa, 2–2·5 mm. lata, apice rotundata, flabellatim 5–7-nervia, membranacea, aurantiaca. *Disci glandulae* 3, subsessiles, subreniformes, vix 0·5 mm. latae, dense tenuissime papilloso-pilosulae. *Stamina* 3–5, in columnam vix 1 mm. longam connata, antheris ovoïdeis subhorizontalibus obtusis 0·5 mm. longis.

Inflorescentiae ♀ terminales, robustae, elongatae, quasi ramulos speciales efformantes, pseudo-racemosae vel anguste irregulariter thyrsoïdeae, sparse adpresse pubescentes, 10–20 cm. longae, inferne longe nudae, superne bracteas foliaceas ovatas subsessiles 1–8 cm. longas basi plerumque rotundatas apice acutas vel obtusas gerentes, sed in racemis abbreviatis lateralibus bracteae interdum valde redactae, subulatae, 2–3 mm. tantum longae. *Pedicelli* crassiusculi, 1–1·5 cm. longi, sursum incrassati, fere glabri. *Sepala* iis floris ♂ similia sed paullo majora, glandula dorsali majore elliptica quasi adpresse lepidiformi. *Petala* masculis similia, aurantiaca vel raro rubra. *Disci glandulae* minimae. *Ovarium* trigono-globosum, 1–2 mm. diametro, glabrum; stylus brevissimus, crassus, lobis stigmaticis 3 brevissimis spatulatis recurvis apice rotundatis. *Capsula* alte tricocca, usque 1·5 cm. diametro, laevis, glaber, siccitate fusco-brunnea, pedicello usque 2 cm. longo; semina subglobosa, 7 mm. diametro, laevia, fusco-brunnea, obscure marmorata.

SIAM. Peninsular Region: Surat Circle; Kaw Samui, in coconut plantation, near sea-level, 8 April 1927, *Kerr* 12534:—Shrub 1 m. high; flowers [♀] yellow. *Ibid.*, 26 May 1927, *Put* 706:—Flowers [♀] yellow. Kao Nawng, evergreen forest, alt. 200 m., 8 Aug. 1927, *Kerr* 13406:—About 0·75 m. high; flower yellow.—Puket Circle; Satul, on hill in evergreen forest, alt. . . ., 16 March 1928, *Lakshnakara* 349:—Erect shrub with yellow flowers [♂]. Talang, evergreen forest, alt. 200 m., 11 March 1929, *Kerr* 17454:—Shrub to 2 m. high; flowers [♂] yellow. Nai Chong, Khao Ao Khuan, in evergreen forest, alt. 40 m., 18 Jan. 1966, *Hansen & Smitinand* 11987:—Shrub 50 cm. tall. Taru-tao Island [Lankawi Is.], Satun, in evergreen forest, 21 April 1969, *Chermsiri-vathana* 1474:—Shrub 1 m. high; fls. [♂] orange colour.—Nakawn Sritamarat Circle; Padang Besar, evergreen forest, alt. 100–200 m., 24 Dec. 1927, *Kerr* 13617:—Shrub to 3 m. high; flowers [♀] yellow. Khao Luang, Thap Chang, scattered in evergreen forest, alt. 220 m., *Hansen & Smitinand* 12153:—Shrub 2 m. tall; flowers [♀] red; fruits green.—Pattani Circle; Bāchaw, by stream in evergreen forest, alt. 50 m., 10 July 1923, *Kerr* 7151:—Small shrub; yellow flowers [♂] sparsely scattered on branches and trunk. Banang Stā, evergreen forest, alt. 50 m., 30 July 1923, *Kerr* 7410:—Shrub 1·5 m. high; flowers [♀] yellow (sometimes fls. [♂] also on stem). Kao Kalakiri, evergreen forest, alt. 100 m., 4 April 1928, *Kerr* 15047:—Shrub 0·3 m. high; flowers [♀] yellow.

MALAYA. Kedah: Lankawi Is., Selat Panchor, in open wet place on limestone, alt. 15 m., 23 Nov. 1934, *Henderson* SFN 29080.—Penang: Ayer Etam, foot of hill, Feb. 1886, *Curtis* 674 (syntype of *Actephilopsis malayana*).—Perak: Gunong Kerbau, 1909, *Aniff* in *Ridley* 16311 (syntype of *Actephilopsis malayana*). — Kelantan: Chaning, 5 Feb. 1917, *Ridley s.n.* (type of *Actephila aurantiaca*).— Pahang: Kwala Tembeling, 1891, *Ridley* 2300 (syntype of *Actephilopsis malayana*).

[BANKA. Cult. in Hort. Bot. Bogor., ante 1864, *Kurz* (type of *Tylosepalum aurantiacum*; not seen.]

JAVA. *Sine loc.*, 1868, *Teijsmann* ex Herb. Hassk. (possibly clonotype of *Tylosepalum aurantiacum*). Udjong Kulon Nature Reserve, Mt. Pajung, downstream the Tjikantjana River, alt. 15–30 m., 12 Jan. 1964, *Nengah Wirawan* 328 :—Shrub-like tree, 3 m. high; fl. orange.

It was no doubt the unusual fasciculate male inflorescences that led Ridley and Gage to ally this plant with *Actephila*, and to overlook *Trigonostemon*. To my knowledge, only *T. semperflorens* (Roxb.) Muell. Arg, has a male inflorescence that is comparably reduced, but that species differs widely in other respects. *T. aurantiacus* occurs rather commonly in Peninsular Siam, but only sporadically in Malaya and very rarely in Java, whilst it appears never to have been re-collected in Banka, and has not yet been found in Lower Burma or Sumatra, where it might be expected to occur. For a fuller discussion of this species, reference may be made to my note in Kew Bull. 23 : 126 (1969).

H. K. AIRY SHAW

[For caption see overleaf]

FIG. 1, branch with male inflorescences, × ⅔; 2, male flower, × 6; 3, disk-glands and androecium, × 12; 4, branch with female inflorescences, × ⅔; 5, female flower, 2 sepals and 1 petal removed, showing disk-glands and ovary, × 6; 6, young capsule, *natural size*. 1, 3 & 4 from *Kerr* 17454; 2, 5 & 6 from *Hansen & Smitinand* 12153.

3721

SYNDYOPHYLLUM EXCELSUM *K. Schum.* & *Lauterb.* subsp. OCCIDENTALE *Airy Shaw*

Tribus ACALYPHEAE. Subtribus MERCURIALINAE

Syndyophyllum excelsum *K. Schum.* & *Lauterb.*, Fl. Deutsch. Schutzgeb. Südsee: 403, t.12 (1901); Pax & Hoffm. in Engl., Pflanzenr. IV. 147. iii: 105, fig. 33 (1911) & in Engl. & Harms, Pflanzenf. ed. 2, 19c: 172 (1931).

Subsp. **occidentale** *Airy Shaw*, subsp. nov., a subsp. *excelso* novellis inflorescentiisque puberulis nec tomentellis, inflorescentiis duplo longioribus, staminibus circiter 10, filamentis multo longioribus (4–6 mm.), antheris angustioribus minus late hiantibus glabris manifeste recedit.—*S. excelsum* sec. Airy Shaw in Kew Bull. 14: 393 (1960), pro majore parte, *vix* K. Schum. & Lauterb.—'*Excoecaria macrophylla* J. J. Su.?' sec. Merr. in Philipp. Journ. Sci. 29: 387 (1926), *non* J. J. Su.

Arbor usque 20 m. alta, ramulis gracilibus teretibus primum adpresse pubescentibus vel puberulis mox glabrescentibus. *Folia normalia* opposita, elliptica usque late elliptica, 10–23 cm. longa, 5–11 cm. lata, basi cuneata usque rotundata (interdum leviter asymmetrica), apice breviter acutata usque sensim acuminata, ipso apice acuto vel obtuso, margine plerumque obscure sed interdum grosse glanduloso-dentato-serrata, chartacea vel coriacea, siccitate plerumque viridula, interdum subtus brunnescentia, glabra (nisi juniora subtus secus nervos adpresse pilosula), obscura, supra sub lente crebre minutissime granulosa; costa gracilis, subtus prominens, supra parum prominula; nervi laterales gracillimi, 6–9-jugi, adscendentes, prope marginem reticulato-anastomosantes; nervi secundarii scalariformiter dispositi; petiolus 4–18 mm. longus, 1–2 mm. crassus, puberulus vel glabrescens; stipulae aegre cernendae, forsan obsoletae. *Folia redacta* (?) cum normalibus sine intervallo decussata, stipuliformia vel peruliformia, subulata, 4–8 mm. longa, acuta, saepe curvata, dense adpresse fulvo-pubescentia, perulis paucis similibus sed minoribus comitata. *Inflorescentiae* axillares, plerumque per paria exortae, usque 30 cm. longae, gracillimae, pendulae, flexiles, rhachi 1 mm. crassa, puberula, dissite glomeruliflorae, glomerulis densifloris aut mere ♂ aut flore singulo ♀ addito. *Flores* ♂ sessiles, conferti. *Calyx* late infundibularis, fere usque ad medium 5-lobus, 2 mm. longus, membranaceus, tenuiter pilosus, lobis oblongis acutis apertis vel subimbricatis. *Petala* 5, oblonga vel subquadrata, sepala aequantia vel iis sublongiora, latitudine varia, apice plerumque truncata vel erosula, glabra. *Stamina* circiter 10; filamenta gracilia, 4–6 mm. longa, glabra; antherae anguste oblongo-ovoïdeae, vix 1 mm. longae, alte basifixae (an versatiles?), basi subsagittatae, apice connectivo breviter sed conspicue producto apiculatae, glabrae; pistillodium alte 2–3-partitum, 2·5 mm. longum, segmentis anguste subulatis acutis longe adpresse pilosis. *Flos* ♀ in glomerulo solitarius, brevissime crasse pedicellatis. *Sepala* 5–6, anguste

ovata, 2 mm. longa, acuta, imbricata, dense adpresse pilosa. *Ovarium.*
ovoïdeum, 1·5 mm. longum, dense pilosum; styli 3, liberi vel usque 2·5 mm.
connati, simplices vel apice per 1–2 mm. bifidi, suberecti, 4–7 mm. longi,
sursum divergentes, mox divaricati, extra adpresse pilosi, intus valde papillosi.
Capsula pedicello usque 7 mm. longo tomentello suffulta, depresse globosa,
circiter 1·3 cm. diametro et 0·7 cm. alta, tenuiter sed firme lignosa, in segmenta
6 complete secedens, epicarpio laevi aureo-velutino; styli in fructu semi-
maturo valde revoluti, demum caduci; semina globosa, 7–9 mm. diametro,
testa laevissima pallide vel saturate brunnea nonnunquam marmorata.

SUMATRA. Sultanate of Asahan, Pargambiran, alt. . . ., 16–21 Nov. 1933,
Rahmat Si Boeea 6302:—Tree.

SARAWAK. First Division: Lundu, open forest near streams, alt. . . ., Oct.
1929, *J. & M. S. Clemens* 22235:—Tree 9–12 m.

SABAH. Banggi (Banguey) Island: R. Pangkalan, April 1885, *Fraser* 262.
Ibid., sine loc. exact., July-Sept. 1923, *Castro & Melegrito* 1615. Lahad Datu
Distr.: 11 km. N. of Bakapit, Kennedy Bay Timber Co. Concession, 24 km.
ESE. of Lahad Datu, alt. 30 m., 20 March 1955, *G. H. S. Wood* SAN 16098:—
Tree, height 21 m. Lamag Distr.: near Bilit, Sopiloring Hill, Kinabatangan,
hill top, primary forest, stony black soil, alt. 30 m., 15 April 1963, *Ampuria*
SAN 33336:—Tree, height 19·5 m., clear bole 9·5 m., girth 125 cm.; flower
green; bark fissured, inner bark red, cambium red, sapwood white. Sandakan
Distr.: Sg. Melagatan, near Kuala Mengkabong, on river bank, alt. . . ., 10
Aug. 1965, *Meijer* SAN 53229 (type, K):—Tree. Tenom Distr.: Pa'al, on
hillside, alt. . . ., 15 July 1969, *Aban Gibot* SAN 64314:—[Tree], 7·5 m. height,
2·5 m. clear bole, 30 cm. girth; bark reddish and yellow; fruit [young] hairy,
chocolate. Tawau Distr.: Gading, primary forest on river bank, alt. . . .,
20 April 1963, *Aban Gibot* SAN 35822:—Tree, height, 15 m., girth 102 cm.;
outer bark whitish; cambium yellowish.

INDONESIAN BORNEO. East Kutei: Sangkulirang subdiv.; Sg. Tepian Lobang
on Menubar R., loam soil and limestone rocks, alt. 75 m., 18 June 1951,
Kostermans 5305:—Tree 30 m., bole 18 m., diam. 40 cm.; bark shallowly
pitted, dark; living bark 6 mm. thick, reddish; wood white; fruit [v. young]
green.

A closer examination of the Sumatran and Bornean material has persuaded
me that the 'certain small differences' from the New Guinea plant, to which I
referred in my earlier note (*l.c.*, 1960), are in fact not so small, and that the
western populations deserve taxonomic recognition. They may even deserve
specific rank, but as unfortunately only one flowering specimen of the New
Guinea taxon is so far available (*Lauterbach* 261, the type), it is not possible
to form an idea of the range of variation of the plant in that island, and I
have therefore compromised by treating the eastern and western populations as subspecies. The sparse puberulous indumentum, greatly elongate

inflorescences, and 10 stamens with elongate filaments, are the most striking distinguishing features of the western plant.

The genus *Syndyophyllum* is certainly (though somewhat distantly) related to *Moultonianthus* Merr. and *Erismanthus* Wall. ex Muell. Arg. For a more detailed discussion of its relationships, and of the very curious type of branching apparently shown by all three genera, reference may be made to my note cited above.

H. K. AIRY SHAW

[For caption see overleaf]

FIG. 1, habit, × ⅔; 2, a flower-fascicle (4 ♂♂, 1 ♀), × 8; 3, male flower, × 8; 4, male flower, vertical section, showing petals and pistillode, × 8; 5, petal, × 8; 6, 7, 8, stamens, × 10; 9, female flower, × 6; 10, part of infructescence, *natural size*. 1–8 from *Meijer* SAN 53229; 9 & 10 from *Clemens* 22235.

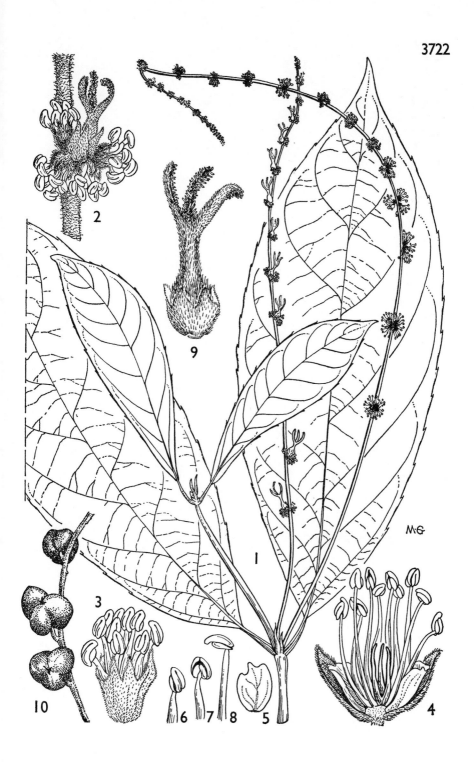

3722

SEBASTIANIA BORNEËNSIS *Pax & Hoffm.*

Tribus HIPPOMANEAE. Subtribus GYMNANTHINAE

Sebastiania (§ Sarothrostachys) borneënsis *Pax & Hoffm.* in Engl. Pflanzenr. IV. 147. iv: 122 (1912); Merr. in Journ. As. Soc. Str. Br., 1921, Spec. No. 347 (1921); Pax & Hoffm. in Engl. & Harms, Pflanzenf. ed. 2, 19c: 192 (1931); van Steenis in Bull. Bot. Gard. Buitenz. ser. 3, 17: 410 (1948), *in clavi*; Airy Shaw in Kew Bull. 14: 396 (1960); Whitmore, Tree Flora Malaya 2: 131 (1973); ab affini (forsan vix specifice distincta) *S. lanceifolia* van Steenis (Archip. Lingga) foliis plerumque multo majoribus (7–21 × 2·5–8·5 cm.) late ellipticis vel oblongo-ellipticis plus minus abrupte breviter caudatis differt; a speciebus Americanis proxime affinibus bracteis ♂ unifloris et praesertim stylis usque ad dimidiam longitudinem in columnam connatis bene distincta.

Frutex vel *arbor*, usque 14 m. alta, ramulis gracilibus teretibus laevibus 1–3 mm. crassis glabris primum glaucis demum pallidis. *Folia* late elliptica, rarius oblongo-elliptica, 7–21 cm. longa, 2·5–8·5 cm. lata, basi late cuneata usque rarius rotundata, apice plerumque abrupte breviter caudata, cauda acuta vel mucronata, margine integro saepe obscure sinuato, chartacea, glabra, supra plerumque manifeste nitida, siccitate fusco-olivacea, subtus glauca, ima basi glandulis macularibus binis rotundatis vel elongatis vel curvatis interdum notata; costa gracilis, subtus prominula, supra subplana vel leviter impressa; nervi laterales gracillimi, 9–13-jugi, late patuli, intra marginem arcuato-anastomosantes; nervi minores supra tenuissime sed conspicue et pulchre elevato-reticulati; petiolus 6–17 mm. longus, 1–1·5 mm. crassus, glaucus; stipulae caducissimae (ad folia valde juvenilia tantum visae), oblongo-ellipticae, 5–7 mm. longae, 2–3 mm. latae, acutae, membranaceae, glabrae. *Inflorescentiae* ♂ axillares, fasciculatae, racemiformes, 1–2·5 cm. longae, tenues; pedicelli 0·5 mm. longi; bractea ad apicem pedicelli sita, orbiculari-ovata, acuta, integra vel denticulata, 1(–2) mm. longa, 1-flora. *Sepala* 3, subinaequalia, saepe 2 connata, triangularia, denticulata. *Stamina* 3, filamentis crassiusculis ima basi connatis, antheris dithecis, thecis globosis. *Inflorescentiae* ♀ vel mixtae non visae; mixtae (testibus Pax & Hoffmann) masculis longiores, paucae, basi nudae, deinde flores ♀ 2(–3) longe pedicellatos gerentes, demum ♂; bracteae ♀ quam ♂ majores; pedicelli ♀ 1·5–2 cm. longi, capillacei, patentes vel reflexi; sepala ♀ ovata, acuta; ovarium glabrum, laeve; columna stylaris 5 mm. longa, partem liberam stylorum aequans. *Capsulae* (in pedunculo communi plerumque binae) pedicellis strictis elongatis usque 17 cm. longis suffultae, tricoccae, 1·5–1·6 cm. diametro, 1·1–1·3 cm. longae, laeves, brunneae (teste collectore statu vivo rubrae vel purpurascentes), suturis fuscioribus et subcarinatis; semina globosa, 7 mm. diametro, laevissima, fusco-brunnea.

MALAYA. E. Johore: G. Arong For Res., KEP 94885 (not seen; *teste* Whitmore).

SARAWAK. First Division: Batang Lupar River, Marop, 1865–8, *Beccari* 3217 (lectotype, K). Setapok, Kuching, lowland forest, alt. 30 m., 17 April 1956, *Purseglove* P.4867:—Shrub 3 m.; leaves grey-green beneath. Semengoh For. Res., in understorey of primary lowland forest, 27 Nov. 1958, *Zen Osman* 10043:—Small tree, 3 m. high. *Ibid.*, lowland dipterocarp forest, 3 Aug. 1960, *Sinclair & Kadim bin Tassim* 10196:—Young slender tree 4·5 m. high; bark smooth, light grey; twigs pale grey; leaves dark green and glossy above, glaucous beneath; fruit red. *Ibid.*, in primary lowland dipterocarp forest, alt. 90 m., 4 May 1961, *Galau* S. 13684:—Small tree 4·5 m. high, 5 cm. girth. 12th Mile, Penrissen Road, on ridge (near Tree 2337), 16 Sept. 1966, *Banyeng ak Nudong & Benang ak Bubong* S.25465:—Small tree 9 m. high, 23 cm. girth; reddish fruits.—Third Division: Gat, Upper Rejang River, forests, 1929, *J. & M. S. Clemens* 21665:—Tree 7·5 m.; infl. yellow, fruit red-purple.—Fourth Division: Ulu Sinrok, Similajau For. Res., low ridge, with clay-rich soil, in mixed dipterocarp forest, alt. 15 m., 25 March 1963, *Ashton* S.16576:—Tree, 13·5 m. tall, 45 cm. girth; flowers and inflorescence entirely cream-yellow except for coppery red bracts; leaf under-surface glaucous; bark surface smooth, greenish grey, ribbed to 3 m. at base, hoop-marked, with –60 cm tall irregularly shaped stilt roots. Miri District, Lambir Hills For. Res., in primary lowland dipterocarp forest, alt. 150 m., 5 June 1961, *Dan bin Hj. Bakar* 3031:—Small tree 6 m. high, 25 cm. girth; stilt roots. Bario, ulu Baram, path to Kuba'an, submontane heath forest on sandy soil overlying Tertiary sandstone, alt. 1200 m., 29 June 1964, *Anderson* S.20158:—Small tree, 7·5 m. high, 30 cm. girth.—Fifth Division: Trusan, near Fort, 1890, *Haviland* 'b.h.m.c.' & 'b.k.k.a.'

BRUNEI. Ulu Belalong, Temburong, yellow sandy clay, Tertiary sandstone ridge, primary forest, alt. 255 m., 5 Sept. 1957, *Ashton* BRUN 443:—Understorey tree, 6 m.; pale brown smooth bark; thin soft outer bark, hard pale brown 2·5 mm. inner bark; pale yellow medium hard sapwood; glaucous underside to leaves; yellow unisexual flowers; fruit red and white, pendent.

SABAH. Lamag Distr.: Bukot Korong Karamuak, Kinabatangan, primary forest, brown soil, alt. 90 m., 20 June 1965, *Lajangah* SAN 44428:—Tree, 6 m. height, 15 cm. girth; outer bark whitish, inner bark orange, sapwood white; fruit red.

INDONESIAN BORNEO (SE.). Between Boentok and the Danau Sababilla, May–Sept. 1908, *Hubert Winkler* 3271 (syntype, *testibus* Pax & Hoffmann; not seen).

The genus *Sebastiania*, though represented by some 80 species in the New World, is represented in the Old World by a mere handful of species. In Africa (Ghana to Ubangi-Shari) only *S. chamaelea* var. *africana* Pax &

3

Hoffm. now remains, since *S. inopinata* Prain (Cameroons) was removed some few years back to constitute the monotypic genus *Duvigneaudia* Léonard. In Asia, *S. chamaelea* (referred by Pax & Hoffmann to the small section *Elachocroton*) occurs widely from India and Ceylon to S. China and scattered through Malesia to Northern Australia and Queensland, mostly in sandy or waste ground near the sea. The discovery in W. Malesia of three rain-forest species (*S. borneënsis* and *S. lanceifolia*, Sect. *Sarothrostachys; S. remota* v. Steenis, *l.c. supra*, perhaps Sect. *Microstachyopsis*) was therefore very unexpected. (I think it probable that *S. lanceifolia* is only a small-leaved variant of *S. borneënsis*.) With its rather large broadly elliptic glabrous leaves, glaucous beneath, glossy and with characteristically elevate-reticulate venation above, its short fascicled racemes of minute male flowers, and its smooth capsules borne on sometimes extraordinarily elongate straight pedicels, *Sebastiania borneënsis* can be confused with no other species in Malesia.

H. K. AIRY SHAW

[For caption see overleaf]

FIG. 1, portion of male flowering branchlet, × ⅔; 2, portion of male inflorescence, × 6; 3, male flower and bract, side view, × 16; 4, ditto, from above, × 16; 5, bract alone, with flower removed, showing glands, × 20; 6, ditto, longitudinal section, × 20; 7, branch with young infructescences, × ⅔; 8, valve of capsule and seed, natural size. 1–6 from *Beccari* 3127; 7 from *Banyeng & Benang* 25465; 8 from *Anderson* S 20158.

3723

TABULA 3724

EUPHORBIA BUXOÏDES A. R. Smith

Tribus EUPHORBIEAE

Euphorbia (Subg. *Esula* Pers. § *Pachycladae* (Boiss.) Tutin) **buxoïdes** *A. R. Smith* in Kew Bull. 25 (3): 552 (1971). Species *E. plumerioïdi* Teijsm. & Hassk. similis, sed foliis obovatis obtusis brevioribus praecipue differt; *E. euonymocladae* Croizat etiam similis, sed foliis plerumque alternis majoribus non apice cuneatis nec mucronatis distinguitur.

Arbor parva vel *frutex* usque 6 m. altus, trunco usque 15 cm. diametro, ramulis ultimis rectis flagelliformibus glabris, cortice laevi cinereo, cuticula exfoliante. *Folia* alterna vel raro opposita, petiolata, stipulata; lamina obovata, (1–) 3–6·5 cm. longa, (0·7–) 1·5–3·5 cm. lata, basi attenuata vel cuneata, apice obtuso, margine integro leviter revoluto, coriacea, supra atrovirentia, subtus pallide viridia, glabra, costa supra canaliculata subtus prominente, venis primariis pinnatim dispositis (8–) 10–15 (–17)-jugis sub angulo 90° abeuntibus supra prominentibus subtus invisibilibus; petiolus 5–8 mm. longus. *Stipulae* deltoïdeae, 0·5 mm. longae, induratae, badiae. *Cyathia* in pseudocymas dichotomas vel axillares vel interdum ad apicem ramulorum aggregatas disposita; bracteae pseudocymarum lanceolatae, 1 mm. longae; cyathia campanulato-urceolata, 2 mm. longa, 2 mm. lata, pedunculata, pedunculis 2–3 mm. longis, glandulis 8–10 transverse ellipticis vel ovatis 0·5 mm. longis 0·5–1 mm. latis exappendiculatis carnosis contiguis, lobis cyathiorum nullis; flores ♂ plurimi, bracteati, bracteis laciniatis; flos ♀ stylis 3 basi connatis praeditus; fructus ignotus.

TERRITORY OF NEW GUINEA. Sepik District: Telefomin, 5°5′ S., 141°30′ E., old village site, 1850 m. alt., 16 Jan. 1965, *Henty* NGF 20943 (K, LAE):— Shrub, height 2·5 m.; bark smooth, grey; sap milky; leaves pale green; flowers yellow-green; planted as a hedge and boundary marker. Western Highlands District: Korn Farm, 8 July 1958, *Smyth* NGF 10561 (LAE):—Small tree; leaves forwarded to C.S.I.R.O. re investigation of fish-poisoning properties. Mt. Hagen, 5°50′ S., 144°15′ E., cultivated on roadside, 1650 m. alt., 27 Sept. 1961, *Millar & Nicolson* NGF 13826 (LAE):—Small tree to 6 m., d.b.h. 10 cm.; latex white; leaves dark green above, light green below. *Ibidem*, 5°8′ S. 144°2′ E., in a sunken garden, 1650 m. alt., 18 Feb. 1968, *Woolliams* NGF 27502 (K, LAE):—Small shrub 1·2–1·5 m. high; not in flower; propagated vegetatively. *Ibidem*, roadside planting, 1700 m. alt., 5 Feb. 1970, *Lowien* NGF 35516 (K, LAE):—Shrub, height 2 m., bole 15 cm. Eastern Highlands District: Kainantu, 1600 m. alt., Oct. 1964, *Womersley* s.n. (K, holotype):— A widely grown hedge plant along roadsides and native gardens throughout the highlands; apparently a pre-European introduction.

Despite the remark by the collector of the type specimen, stemming from the fact that this species has only been encountered in cultivation, there seems no doubt but that *E. buxoïdes* is endemic to New Guinea, since its closest affinities are with another endemic, *E. euonymoclada* Croizat, and with *E. plumerioïdes* Teijsm. & Hassk., which is widespread in New Guinea although not endemic. These species all belong to the Indo-Pacific branch of the primarily Macaronesian section *Pachycladae* of the subgenus *Esula*, according to Boissier's circumscription, although he qualifies this placing with the remark 'species anomalae'. They are rather a far cry from typical pachyclads, particularly having regard to their lack of vegetative dichotomous branching and their insignificant pseudocyme bracts; they would perhaps be more satisfactorily placed in a distinct section.

In a communication to Mr. Airy Shaw dated 9 March 1973, Dr. J. Womersley expressed the opinion that as *E. buxoïdes* is only known from plants associated with man, and since these have never been seen in fruit, the species may be nothing more than a particular morphological selection of *E. plumerioïdes* which has been vegetatively propagated. Furthermore, he pointed out that the local name of these two entities is the same. However, I feel that since the morphological grounds on which this species is based have not yet been shown to be invalid, a further consideration as to its taxonomic status must be postponed until some more concrete evidence for the above suggestion is forthcoming.

A. RADCLIFFE-SMITH

FIG. 1, habit, × ⅔; 2, portion of inflorescence, × 6; 3, cyathium, male stage, × 8; 4, the same, longitudinal section, showing female flower beginning to emerge, × 8; 5, cyathium, female stage, × 8; 6, male flowers with bracts, × 14. All from *Lowien* NGF 35516.

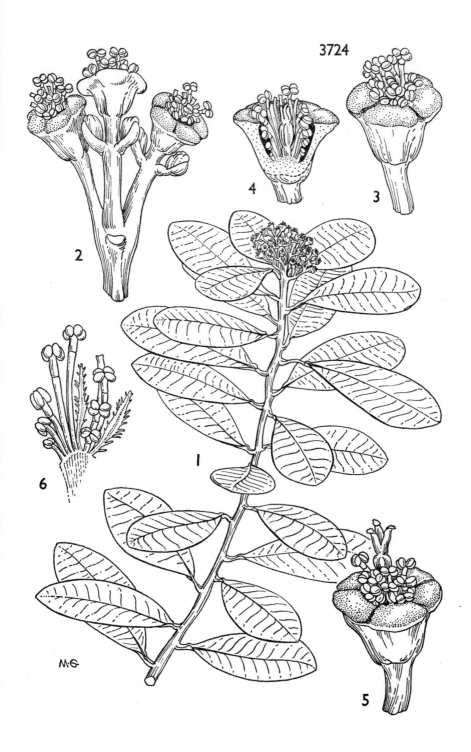

3724

EUPHORBIA SAXICOLA A. R. Smith

Tribus EUPHORBIEAE

Euphorbia (Subg. *Esula* Pers. § *Esula*) **saxicola** *A. R. Smith* in Kew Bull. 25(3): 552 (1971), *E. rothianae* Spreng., speciei indico-sinensi, insigniter affinis, sed planta annua, gracilior, pseudumbella triradiata nec quinqueradiata, capsula dicocca praecipue differt; etiam *E. schimperanae* Scheele, speciei Africae orientalis atque Arabiae meridionali-occidentalis, affinis, sed capsulis dicoccis differt; porro *E. repetitae* Hochst. ex A. Rich., speciei Aethiopicae, Ugandensi atque Keniensi capsulis dicoccis similis, sed ab ea umbellae foliis latioribus capsulis seminibusque majoribus praecipue differt.

Herba annua, simplex vel basi pauciramulosa, glabra, usque 30 cm. alta, umbellata. *Folia caulina* elliptico-oblanceolata, usque 4 cm. longa et 0·9 cm. lata, apice acuta vel subacuta, basi attenuata, margine integro, membranacea, costa subtus prominente; *umbellae folia* ovata vel ovato-deltoïdea, usque 1·2 cm. longa. *Umbella* 3-radiata, radiis usque quater dichotomis. *Cyathia* 1·5 mm. longa; glandulae bicornutae. *Capsulae* dicoccae, laeves, 4 mm. longae atque latae. *Semina* ovoïdea, 3 mm. longa, 2 mm. lata, laevia, maturitate pallide plumbeo-schistacea, interdum fusco-maculosa; caruncula hemisphaerica, siccitate spadiceo-aurantiaca.

THAILAND (SIAM). N. Region: Payap Circle; Doi Chiengdao, growing on open rocky ground, alt. 2000–2100 m., 6 Nov. 1922, *Kerr* 6598 (K, holotype); *ibid.*, among rocks, 19 Oct. 1926, *Put* 398; *ibid.*, 21 Dec. 1931, *Put* 4452; *ibid.*, *Shimizu, Koyama & Nalampoon* T 10026 (KYO).

In the Section *Esula* there are very few annual species, the combination of annual habit with smooth seeds being rather unusual in the Subgenus *Esula*. However, *E. saxicola* is an addition to that number. Although it appears restricted to open rocky places high on one mountain in Northern Siam, its closest relative is apparently not an Asiatic plant at all, but *E. schimperana* Scheele, which ranges from south-west Arabia southwards through East Africa to Rhodesia, from which it differs only in details of leaf-shape and seed-size, and in having 2- instead of 3-locular ovaries and capsules. Consistently 2-locular ovaries and capsules are virtually unknown in *Euphorbia*, but in this regard *E. saxicola* is similar to another African species, *E. repetita* Hochst. ex A. Rich., from Ethiopia, Uganda and Kenya, which is also related to *E. schimperana*. The Asiatic *E. rothiana* Spreng., which is its nearest ally on the same continent, is a robust perennial species having consistently quinqueradiate pseudumbels, those of *E. saxicola* being always triradiate, and it has the usual 3-locular ovary and capsule.

A. RADCLIFFE-SMITH

FIG. 1, habit, *natural size*; 2, cyathium, × 16; 3, ditto, part of involucre cut away to show insertion of male flowers, × 16; 4, male flowers and bracts, × 24; 5, capsule, from above, × 5; 6, columella, after dehiscence of capsule, × 5; 7, seed, half lateral view, × 8; 8, ditto, ventral view, × 8. All from *Put* 398.

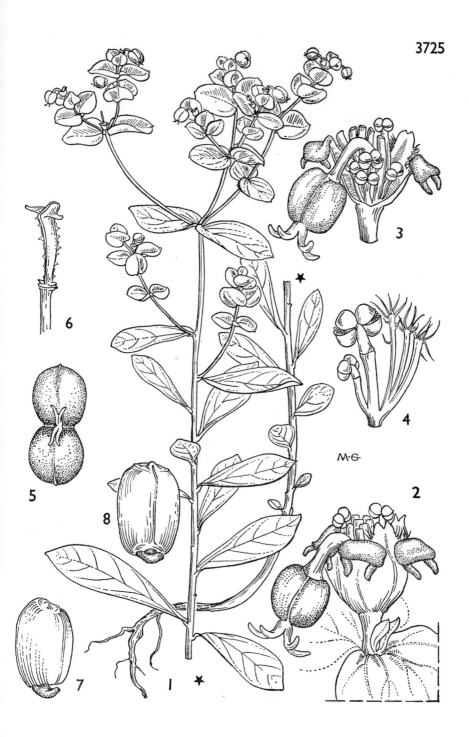

3725